YORIMOTO-TASHI

L'ÉNERGIE

en

12 Leçons

Traduit du Japonais

Commenté par **B. DANGENNES**

ÉDITIONS NILSSON

7, RUE DE LILLE, 7

PARIS

AVANT-PROPOS

Dans le désert d'une grande cour où chaque pavé s'est fait un oreiller de mousse, le Musée de la petite ville entre-bâillait ses larges baies.

Un seul visiteur, le soleil, en avait franchi le seuil ce jour-là et dans les longues salles sonores des rais d'or s'étiraient, où dansaient des atomes échappés aux poussiéreuses collections.

Venu du coin le plus obscur, un ronronnement léger attira mon attention : le gardien, le haut du col de sa tunique entre-bâillé, dormait d'un sommeil si profond que des scrupules me vinrent à l'idée de troubler cette béatitude.

Je continuai ma promenade.

Pourtant, après un second tour parmi les squelettes des animaux plus ou moins antédiluviens qui dressaient leurs carcasses étayées de plâtre, devant les vitrines où dormaient de vagues minéraux, mon impatience fut plus forte que ma compassion.

Le but de ma visite n'était pas cette curiosité banale qui pousse le touriste à voir superficiellement toutes choses sollicitant l'attention, à un degré sérieux ou moindre.

J'avais en me rendant dans la petite ville retirée et en pénétrant dans la solitude de son Musée un projet bien déterminé :

Je m'y étais rendue, attirée par le récit d'un ami de ma famille, le Commandant B..., mort depuis peu.

Il m'avait parlé avec une chaleur touchant à l'enthousiasme de la surprise merveilleuse éprouvée par lui, lorsque, parcourant les manuscrits contenus dans les archives du Musée de sa ville natale, ses yeux tombèrent un jour sur des pages écrites en langue japonaise.

Or, des stations interminables et réitérées dans ce pays, son goût pour l'étude, et, il faut bien le dire aussi, des idylles nombreuses avec diverses jeunes femmes répondant au nom savoureux de Prune ou à celui plus poétique de Chrysanthème, l'avaient amené à une connaissance approfondie de la langue du Japon.

Sa joie fut donc grande quand il découvrit que

ces manuscrits contenaient les préceptes du célèbre Yoritomo-Tashi dont la mémoire est révérée par les hommes de sa race, comme celle d'un des plus profonds philosophes de son temps.

Comment et par qui ce précieux grimoire avait-il été apporté dans ce coin de province ?

C'est ce que le Commandant chercha en vain ; mais à partir de ce moment, il voua une reconnaissance infinie à l'obscur conquérant qui l'avait sans doute rapporté comme le trophée de quelque expédition lointaine.

De ce jour, l'ennui, né de l'inaction forcée, qui tenaillait mon vieil ami, s'enfuit de son existence.

Un intérêt nouveau hanta sa vie : non seulement il dévora les pages du manuscrit japonais, mais les jugeant pleines d'enseignement, il consacra ses dernières années à leur traduction.

En songeant à toutes ces choses, je suivais le gardien, qui, les yeux tout pleins encore des brumes d'un rêve — qu'il comptait bien reprendre incessamment — me précédait à travers le désert des corridors et des escaliers jusqu'à la salle où des manuscrits poudreux gisaient dans le sépulcre de leurs casiers toujours clos.

Légèrement émue à la pensée de retrouver là

un peu de l'âme de mon vieil ami, je feuilletai les commandements de Yoritomo-Tashi.

Les heures de la journée s'écoulèrent rapides. Je revins le lendemain, puis les jours suivants, avide d'avance de cette lecture dont la continuité ne faisait qu'augmenter l'intérêt.

Yoritomo a abordé de nombreux sujets, toujours avec la même autorité et cette justesse de pensée dont la clarté s'impose à l'esprit.

Il aime aussi à se servir de la parabole pour mieux frapper l'imagination ; et il y parvient sans effort, car ses anecdotes symboliques, dont la plupart ont la couleur et la naïveté d'une estampe, allient à une grande profondeur de raisonnement la simplicité qui les rend faciles à comprendre de tous.

Yoritomo a surtout parlé magnifiquement de l'Énergie ; trop longuement, hélas, pour que ses développements puissent prendre place dans ce volume, mais il m'a semblé intéressant de transcrire à ce sujet les maximes fondamentales de sa doctrine, dont l'opportunité s'adapte avec une prescience merveilleuse aux désirs et aux besoins de notre existence moderne.

B. D.

Première Leçon

Qu'est-ce que l'énergitisme ?

L'Énergitisme, c'est la victoire remportée sur certains éléments de nos facultés par un autre qui leur est supérieur.

C'est une sorte de volonté durable qui prend sa source dans notre résolution de la maintenir.

Car l'énergie, issue de la volonté, la complète en ce sens qu'elle la continue en y ajoutant une idée de vigueur et de ferme maintien.

L'Énergitisme, c'est aussi la puissance d'apaiser les passions, mais c'est surtout celle de les stimuler quand la volonté les a fait naître.

C'est encore la faculté de combattre efficacement les maux causés par les défaillances de nos esprits.

L'Énergitisme est un foyer dont la flamme éclaire et réchauffe les âmes que la débilité du

Vouloir avait jusque-là laissées ternes et glacées.

Mais il n'est pas de foyer dont il ne soit nécessaire de modérer ou d'accroître le rayonnement.

Une énergie poussée à l'extrême peut devenir facilement de l'inutile ou malencontreuse témérité.

« Il ne faut jamais perdre de vue ce principe, dit Yoritomo : Dépasser le but n'est pas l'atteindre. »

Et il ajoute :

« Que dirait-on d'un archer dont les flèches, lancées d'une main trop virile, passeraient au-dessus des troupes ennemies ? »

C'est là, en effet, le résultat fréquent d'une volonté dont les facultés directrices ne sont point étayées par l'Énergitisme.

Une résolution importante n'est valable que si elle est prise sous l'empire d'un sentiment qui, en lui imprimant l'idée de continuité, la dégage des exagérations, défaut que les natures faibles prennent souvent pour de l'Énergie.

Dans le cas contraire, l'excès, en interdisant la persévérance dans une ligne de conduite trop difficile à soutenir, amène généralement une détente qui se produit aux dépens de la réussite des fins que l'on veut atteindre.

Ne voyons-nous pas tous les jours des parents ou des éducateurs emportés par la colère, accentuer la sévérité d'une punition méritée par un enfant ?

Si pourtant l'âme de ces parents est éprise de justice, ils ne tardent pas à se repentir de leur mouvement irréfléchi et se trouvent dans l'alternative, ou de pardonner, ce qui détruit l'effet de la répression, ou de maintenir la punition, ce qui produit un effet déplorable vis-à-vis des enfants, qui, ballottés entre les manifestations d'une tendresse intermittente et les rigueurs d'une sévérité exagérée, voient s'atrophier en eux ce sentiment de confiance qui devrait être le lien le plus sûr entre les enfants et l'éducateur.

Les âmes naïves sont particulièrement sensibles à tout ce qui leur paraît entaché de partialité.

Plus tard, lorsque plus avancés dans la vie, ils pourront faire la part des passions qui contribuent à égarer momentanément les meilleurs esprits, ils souffriront moins des injustices qu'ils verront se multiplier autour d'eux.

Mais c'est commettre une action blâmable que de provoquer dans les jeunes âmes un sentiment d'indignation contre des résolutions prises en vue de leur perfectionnement.

En les mettant dans l'alternative de critiquer la

décision de leurs parents ou de subir sans la commenter une punition trop sévère, on arrive à leur masquer la juste proportion des choses et à fausser leur jugement, si chancelant encore.

Cela peut devenir plus grave dans le cours de la vie.

Combien de jeunes gens ne sont devenus de mauvais soldats qu'à cause de certaines punitions appliquées avec trop de rigueur.

« Le chef déclaré injuste, dit Yoritomo, perd son prestige et il devient impossible de se faire obéir de ceux qui n'ont plus foi en lui.

« Bientôt ses ordres sont commentés, exécutés de mauvaise grâce, si bien que de nouvelles répressions — bien méritées celles-là — viennent encore ulcérer les esprits rebelles, jusqu'au jour où la révolte ouverte vient mettre l'irrémédiable dans leur existence. »

Faut-il donc montrer de la faiblesse et risquer de voir les subordonnés subir en souriant une répression trop anodine ?

Il est toujours beau de faire le geste du pardon, mais si pourtant les jeunes gens retombent dans la faute ancienne, une énergie très calme et très ferme serait nécessaire pour les retenir sur le chemin de la récidive.

On a trop souvent confondu Énergie avec Volonté, deux sœurs, peut-être, mais non pas jumelles comme on serait trop tenté de le dire et de le laisser croire.

C'est la Volonté qui dicte les résolutions, mais c'est l'Énergie qui les maintient.

Commander à ses actes est un effort de volition, mais cet effort peut n'être que passager s'il n'est soutenu par l'Énergie.

La volonté ordonne des décisions, mais l'énergie les choisit et n'accepte que celles qui peuvent être menées à bien.

Car l'énergie nous permet, non seulement d'échapper par la volonté aux forces du dehors, mais elle nous donne encore le moyen de canaliser cette volonté vers un but précis et de nous déterminer à ne pas dévier des chemins qui y conduisent.

Elle nous laisse gouverner vers les fins que nous nous proposons en faisant abstraction des forces contraires surgies en nous pour nous en détourner.

C'est, en un mot, la force dont la volonté est le pouvoir directeur.

Mais sans l'énergie qui soutient cette volonté, elle dévie et l'objet de nos désirs s'éloigne de nous.

« Il faut, dit Yoritomo, savoir doser son énergie, afin de n'en faire qu'une dépense proportionnée aux circonstances. »

Et il conte cette jolie parabole :

« Des hommes portaient un jour, à travers les sentiers de la montagne, un palanquin dans lequel avaient pris place quatre voyageurs.

« Au bout d'une heure de montée, les porteurs firent halte et s'assirent à l'ombre pendant quelques instants.

« Durant ce temps de repos, ils ne s'aperçurent pas que trois des voyageurs étaient descendus.

« Si bien que, lorsqu'ils jugèrent que le temps était venu de repartir, ils se saisirent des brancards du palanquin, qui, à ce qu'ils croyaient, renfermait quatre personnes et mirent dans cet acte une telle force qu'ils l'élevèrent bien au-dessus de la limite indiquée, faisant ainsi perdre l'équilibre à l'unique voyageur, qui fut violemment projeté à terre et cruellement meurtri. »

Il en sera toujours ainsi pour les gens qui ne savent pas adapter leur énergie à la dimension de l'œuvre qu'ils se proposent d'accomplir; dans un effort impondéré, ils font subir à leurs projets le sort du voyageur de la fable ; à moins que, chose plus fréquente encore, leur élan manquant par trop d'ampleur, il n'arrive pas à les amener au point final et les abandonne misérablement sur la route, faute de pouvoir les conduire jusqu'au bout.

« La cause de presque tous les insuccès, dit aussi Payot, est unique et c'est la faiblesse de notre volonté ; c'est notre horreur pour l'effort et principalement l'effort durable. »

Le fabuliste a commenté cet axiome, il y a plusieurs siècles et la fable du lièvre et de la tortue n'est autre chose que la glorification de l'énergie constante.

Tandis que le lièvre qui s'est laissé prendre aux charmes de la route, fournit, trop tardivement, un effort exagéré, qui cependant ne l'amène pas au but en temps voulu, la tortue, traînant sa carapace, se hâte sur ses pattes courtes et en avançant insensiblement, mais sûrement, parvient au terme convoité.

L'Énergitisme est un composé de plusieurs qualités nécessaires :

La Volonté, l'Ambition, la Détermination, le Courage, la Persévérance, la Patience et la Prudence.

Il est certain que chacun de nous possède une ou deux de ces qualités, mais il arrive souvent que l'absence totale des autres, ou qui pis est, le défaut contraire à l'une de ces qualités, annihile l'action des premières qui se développent aux dépens du bon équilibre, nécessaire à toute réussite.

Il y a des âmes mobiles qui ignorent la fixité dans l'action.

Ce sont ces gens-là dont le peuple dit :

« Avec lui, c'est celui qui parle le dernier qui a toujours raison. »

En effet, soit par crainte de prendre la responsabilité d'une décision, soit par défiance de soi-même ou par recherche exagérée de perfectionnement, il est maintes personnes qui usent leurs forces morales en tâtonnements et en tentatives que l'achèvement ne couronne jamais.

C'est en faisant allusion à ces indécis que Yoritomo dit :

« Il faut se garder d'imiter le laboureur qui, au lieu de tracer patiemment un profond sillon, se contenterait d'enlever çà et là quelques pelletées de terre, pour y déposer un grain que les oiseaux du ciel n'auraient aucune peine à découvrir et à manger.

« Vienne le temps de la récolte, il ne cessera de gémir sur son malheur, en enviant la chance de son voisin, dont le champ est couvert de lourds épis.

« Mais son esprit est si léger, son raisonnement si peu délié par l'habitude du ferme Vouloir, qu'il se gardera bien de s'avouer à lui-même que l'abondante moisson du voisin est le résultat de sa ténacité et de son énergie à l'époque des semailles. »

Entre la résolution et l'exécution, il y a place pour toutes les vertus qui forment l'Énergitisme.

L'Ambition, dont nous parlerons plus longuement dans un prochain chapitre, est encore un adjuvant précieux, sans lequel maints projets risquent de ne jamais voir le jour.

La Détermination (qu'il ne faut pas confondre avec le Déterminisme) doit être également cultivée, car sa pratique constante aidera puissamment les hommes d'action dans les résolutions qu'ils doivent prendre.

Le Courage est le fait du raisonnement, étayé sur ce sentiment que le vulgaire nomme : La présence d'esprit.

Il y a bien des sortes de courages, qui peuvent se subdiviser en deux grandes catégories : le courage physique, d'abord, c'est-à-dire la bravoure et le courage moral, qui est surtout l'apanage des âmes d'élite.

Le courage physique s'acquiert — comme tout au monde — par la volonté et l'énergie constante qui sait dompter les nerfs, trop prompts à s'alarmer.

Quant au courage moral, le plus glorieux parfois, car il est plus obscur et porte rarement sa récompense visible, il demande des efforts réfléchis qu'on ne peut obtenir que par la parfaite maîtrise des sentiments.

La Persévérance est d'autant plus difficile à observer qu'elle est plus proche parente de l'entêtement.

Or, ainsi que je l'ai dit dans une précédente étude (1) « la persévérance est une vertu magnifique qui s'épanouit au cœur des hommes conscients de la puissance de création qu'ils portent en eux.

C'est la manifestation de la Foi dans tout ce que cette vertu couvre de réalités militantes et d'idéalisme fécond.

« L'Entêtement, au contraire, est stérile comme un champ mal cultivé.

« Il est néfaste, même quand les fins en sont louables, car reposant sur un faux raisonnement,

(1) *La Volonté*, par BERTHE DANGENNES. Éditions Nilsson, 7, rue de Lille.

un développement normal ne peut jamais en être la conséquence. »

La Patience est un des principaux attributs de l'Énergie.

Elle fera supporter les difficultés imprévues, les atermoiements, les lenteurs qui marquent toujours le cours de toutes les entreprises.

Est-il besoin de recommander la Prudence ?

Il faut cependant bien se garder de la laisser devenir de la timidité.

Mais, tout en se souvenant du vieil adage : « La fortune sourit aux audacieux », on devra se garder de pousser cette audace jusqu'à la témérité.

L'audacieux est celui qui ayant, après mûres réflexions, adopté un plan, se soumet à tous les risques qu'il comporte, sans se les dissimuler, avec le ferme espoir, basé sur de justes données, que des événements prévus viendront atténuer les difficultés de l'entreprise et lui permettre de les vaincre.

Le téméraire, au contraire, se lance dans l'action sans avoir voulu en calculer les impossibilités et se trouve, le plus souvent, arrêté dès les premiers pas.

Dans cet aperçu rapide, nous avons pu nous rendre compte des principales qualités qui, dans l'Énergitisme, servent à déterminer la volonté et à maintenir les décisions qu'elle imprime.

Grâce à l'Énergitisme, tout homme peut devenir un être plus complet, plus apte à se vaincre soi-même — partant de là, moins prompt à se laisser terrasser dans le grand combat de la vie — et mieux préparé aussi pour conquérir le bonheur et la fortune.

Mais, dira-t-on, comment arriver à acquérir cette vertu, sans laquelle les dons les plus brillants peuvent demeurer stériles ?

La réponse est bien simple :

Il faut seulement le vouloir ; non pas d'une façon négligée et intermittente, mais avec toute la force du désir de mieux qui est en nous.

Et s'inspirant des conseils qu'on trouvera dans la leçon suivante, se dire en rassemblant toute l'énergie dont on est capable :

Vouloir suffit.

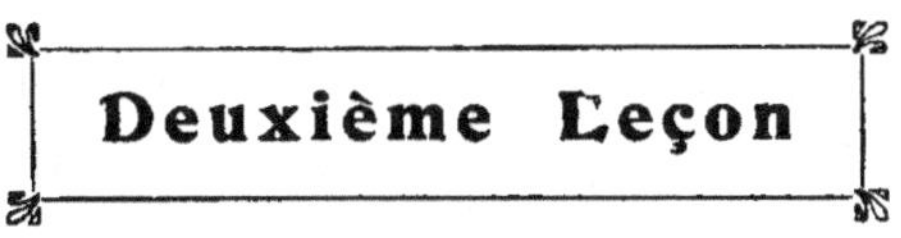

Deuxième Leçon

Comment on devient énergique.

La méthode infaillible pour devenir énergique découle de la constatation des forces multiples qui sont en nous.

Ces forces ne sont que trop souvent laissées sans culture, alors que nous pourrions les utiliser à la conquête du bonheur ou, tout au moins, à celle du mieux, qui en est le moyen.

« C'est inouï, dit Yoritomo, tout ce qu'on peut produire avec de l'énergie, lorsqu'on s'est donné la peine de faire naître ce sentiment. »

Et il ajoute :

« L'Énergie doit être comme la lente action des phénomènes naturels qui produisent des effets que nous pouvons constater tous les jours :

« Qui n'a pas tenu dans ses doigts un caillou longtemps roulé par la vague ?

« Ce caillou, qui fut, à l'origine, hérissé d'arêtes vives, est devenu, sous les baisers incessants des flots, poli comme une pierre travaillée au tour.

« Et pour peu que nous possédions le don de méditation, nous ne pouvons nous empêcher d'admirer la puissance de l'effort continu, qui, par le contact persistant de ce caillou avec d'autres de son espèce, a amené cette lente usure venue du frottement réitéré. »

De tels exemples pourraient se multiplier à l'infini.

Nous ne voulons pas reprendre la comparaison de la goutte d'eau creusant le roc, ni celle de la stalactite que les siècles nombreux arrivent à former.

Mais il en n'est pas moins constant que des myriades d'efforts qui semblent insignifiants, pris séparément, arrivent, par leur continuité, à un résultat que n'obtiendraient point de gigantesques travaux intermittents.

Une des conditions indispensables pour conquérir l'énergie est de la désirer vivement.

Cette pensée contribuera beaucoup à faire germer en nous les sentiments créateurs de la volonté.

L'homme qui dit : « *Je veux* pouvoir » est bien près de dire : « *Je veux, donc je peux* ».

Tandis que celui qui se décourage et se pénètre de son impuissance, voit se fermer devant lui les routes qui conduisent au but.

La raison en est bien compréhensible : « Celui qui dit : « Je peux » entreprend tout, même les choses dont la réalisation semble très problématique.

L'autre, au contraire, effrayé par les difficultés réunies sous ses pas, préfère ne point affronter les fatigues du voyage, ou bien, se laissant rebuter dès les premiers revers, abandonne un chemin qui lui semble hérissé de trop d'obstacles et s'asseoit lâchement sur le bord, abandonné bientôt de tous ceux qui marchent courageusement, les yeux fixés sur le but qui luit au terme de leurs efforts.

Celui qui sait dire : « Je veux, donc je peux » porte en lui une force qui lui donne pleine conscience de son « Moi ».

« Les pensées, dit Yoritomo, sont comme des fantômes impalpables : elles ne revêtent une forme tangible que si elles sont soutenues par une résolution d'énergie. »

« Que penserait-on, dit-il encore, d'un semeur qui se contenterait de posséder une grande quantité de graine et qui la laisserait entassée dans les sacs ou la répandrait négligemment sans songer aux soins d'arrosage et de culture qui aident à la germination?

« Ce laboureur serait l'image de l'homme qui pense à l'aventure, sans cultiver ses pensées jusqu'au point où, sous l'influence des soins que leur prodigue l'énergie, elles s'épanouissent en résolutions viriles et durables. »

De tous nos instincts, celui de la Volition est un des plus puissants et des moins compris.

Tout le monde le ressent inconsciemment, mais il en est très peu qui savent analyser ses effets et démêler son origine.

Quant à son développement, il est de ceux qu'on arrive à étendre par l'exercice répété de certains actes physiques dont la puérilité fait d'abord sourire, mais dont la fréquence et surtout la durée, en nous donnant le prétexte d'exercer notre volonté, nous amènent à devoir demander le concours de l'énergie afin de la maintenir.

Le premier point, ce qu'on pourrait nommer en quelque sorte « le pivot de l'Énergie » est la Concentration.

Ce mot contient dans sa brièveté toute une doctrine.

La concentration est la faculté de réunir les

dons de patience et de méditation dont nous sommes capables.

C'est l'art de fixer l'attention sur une pensée ou sur un acte, à l'exclusion de tous les autres.

Celui qui veut pratiquer la concentration d'une manière efficace doit savoir se recueillir au point d'exclure toutes les réflexions étrangères à l'idée dont il veut s'imprégner.

Ce n'est certes pas du premier coup que l'on peut arriver à pratiquer l'isolement de la pensée, et cela demande une série nombreuse de tentatives dont les plus usitées sont celles-ci :

1º Avant tout se placer sur un siège dans une position assez suffisamment confortable pour qu'une impression d'incommodité physique ne vienne pas apporter un trouble dans l'esprit en y ramenant la sensation d'une gêne.

2º Porter tous ses efforts sur la résolution de garder l'immobilité pendant cinq minutes d'abord, dix et jusqu'à quinze minutes ensuite.

3º Renouveler souvent cet exercice, jusqu'au moment où les dix minutes d'immobilité s'obtiennent sans fatigue et sans tension nerveuse.

4º Lorsque cet effort physique est devenu familier, se donner un sujet de méditation sur lequel l'esprit doit être *exclusivement* concentré.

Tout ceci qui, à première vue, semble un peu enfantin, n'est cependant pas à la portée de chacun.

Dix minutes d'immobilité complète représentent déjà un effort que très peu de personnes peuvent donner ; mais dix minutes de méditation sur un même sujet, sans que rien puisse en détourner l'esprit, sont seulement possibles aux adeptes de l'énergie que des expériences précédentes ont déjà familiarisés avec la puissance de recueillement et d'isolement moral.

Qui de nous, en effet, n'a éprouvé une impatience particulière en constatant que l'esprit, sollicité d'approfondir tel ou tel sujet, s'évadait bientôt et se trouvait, par une succession de pensées dont la filière est quelquefois difficile à reconstituer, entraîné très loin de l'idée principale ?

Et lorsque, nous éveillant brusquement de cette rêverie, nous nous étonnons d'avoir été transportés si loin du but de nos préoccupations, nous sommes surpris de voir avec quelle facilité des images successives se sont superposées à l'image primitive.

Nous évoquons alors de nouveau notre méditation première, mais ceux-là seuls qui sont capables d'énergie, peuvent parvenir à la maintenir jusqu'au moment où elle les absorbe tout entiers.

« Dans ma jeunesse, dit Yoritomo, je fus trouver un philosophe qui se vantait d'avoir pénétré tous les secrets des lois de l'énergie.

« Avec la fatuité coutumière aux jeunes gens, je croyais qu'il ne me restait plus rien à apprendre à ce sujet, et je le lui dis naïvement.

« Le vieux savant sourit et sans répondre, me tendit un fil retenant des grains d'argent : « J'en « sais le nombre, me dit-il; compte-les par trois « fois et dis-moi quel chiffre tu as trouvé. »

« J'en comptais une fois 502, deux autres fois près de 500, mais jamais je n'obtins le même chiffre, car mon esprit vagabondait en se livrant à cette occupation que je trouvais ridicule, sans parvenir à en démêler la portée.

« Un peu confus, comme j'hésitais et dus convenir de mon incertitude, le philosophe reprit en souriant le collier :

« N'allons pas plus loin, dit-il, tu ne seras apte « à discourir sur l'énergie que lorsque tu sauras « trouver en toi la force indispensable pour com- « mander à ton attention. »

En effet, l'homme qui veut posséder cette vertu doit savoir plier sa volonté à des pratiques *puériles en apparence*, mais nécessaires à l'exercice de la Maîtrise de soi-même.

Par exemple : Étendre sa main sur ses genoux et s'efforcer de replier lentement chacun de ses doigts en comptant, d'abord jusqu'à 3, puis, jusqu'à 5, 10 et même 20.

Cela, au premier abord fait sourire, mais il n'en n'est pas moins vrai que peu de personnes possèdent la vigueur morale voulue pour parvenir à accomplir cet acte sans qu'une distraction vienne les interrompre ou les forcer à recommencer.

L'homme est une machine et sa volonté est un rouage.

De même que toutes les parties d'une machine qui ne sont pas soumises à un fonctionnement régulier, se laissent rapidement recouvrir d'une rouille, qui les met hors d'état d'être mues, lorsque le besoin s'en fait sentir, l'Énergie qui n'est pas soumise aux lois constantes d'une volonté inlassable, finit par s'atténuer peu à peu.

La nuance est d'abord imperceptible, mais vienne le temps d'une résolution à prendre — et surtout à soutenir — l'effort de celui qui s'est laissé envahir par la débilité morale devient tel, que ses forces de volition s'évanouissent avant que le courant d'énergie qui devrait les soutenir ait eu le temps de se rétablir complètement.

« On ne doit pas oublier, dit Yoritomo, que les

forces morales se développent aussi bien que les forces physiques par une gymnastique de l'esprit qui permet à nos facultés de se révéler d'abord, de s'affirmer ensuite.

« C'est donc en arrivant à commander à notre attention que nous trouverons l'énergie qui nous permettra de mener à bien tels actes qui, sans cette vertu, nous eussent semblé d'une exécution impossible.

« Une résolution prise sous l'empire de la colère nous laisse presque toujours des regrets.

« Il est donc recommandable aux hommes qui placent, avec raison, la conquête de leur Moi au-dessus de tout, de temporiser avant d'exécuter un des actes dictés par l'irritation. »

C'est encore le cas d'employer un des moyens cités plus haut.

Celui qui, sous l'empire d'une excitation arrivée à son plus haut terme, sait s'astreindre à faire cinq cents pas en retenant toute son attention pour les compter sans faire une erreur, est bien près d'avoir remporté sur ses passions une victoire qui lui permettra de triompher de bien des pièges de l'existence.

C'est se tromper entièrement que de croire l'Énergie seulement active.

Il est au contraire certaines circonstances dans lesquelles, pour s'affirmer pleinement, elle **doit** se résigner à l'abstention.

L'Énergie latente est la moins courante et la plus difficile à obtenir.

En effet, les esprits faibles aiment à extérioriser leurs sentiments par des actes qu'ils croient énergiques parce qu'ils sont outranciers.

Pourtant, la force de caractère réside tout autant dans l'abstention que dans l'accomplissement de gestes dont la réalisation satisfait nos nerfs, tout au moins d'une façon temporaire.

Lorsque l'âme bien trempée a su se déterminer à une action de son choix, elle doit concentrer tous ses désirs vers l'achèvement, qu'elle hâtera, aussi bien par son activité, qu'en secouant la domination des forces qui surgissent d'elle et dont la manifestation courrait risque de l'entraver.

Le silence est d'or, disent les Arabes ; que de fois la véracité de ce proverbe ne fut-elle pas démontrée ! Que de fois l'énergie nous donnant la force de retenir une parole imprudente, ne fut-elle pas la cause déterminante d'une harmonie, que des phrases malencontreuses auraient troublée sans retour.

Bien entendu, l'énergie latente n'a rien de commun avec l'apathie, indice trop peu rare de la faiblesse de caractère. Ce silence, ce manque momentané d'action doivent être les fruits d'une résolution mûrie, fortement arrêtée, et, d'après les circonstances, faire place à l'activité suivie et raisonnée qui sait concentrer toutes les forces vers les fins que nous poursuivons.

« Un monument, dit encore Yoritomo, n'a de chances de durée que lorsque les fondations en sont solidement assises.

« Celui qui veut édifier sérieusement l'énergie en lui, ne doit pas s'arrêter à des actes superficiels, qui ne sont, la plupart du temps, que la satisfaction d'impulsions momentanées.

« Il doit s'appliquer à mettre cette vertu en pratique dans les plus petites circonstances de la vie ; travailler d'abord pour l'acquérir et quand il croit la posséder, ne pas négliger les exercices qui sont de nature à l'entretenir.

« Toute énergie qui n'est pas constamment cultivée s'atrophie comme une plante mal soignée, mais sagement dirigée et constamment évoquée, elle prospère, grandit et s'étend sur notre vie qu'elle protège, comme un bel arbre, dont les frondaisons nous abritent à la fois des rayons trop brûlants et des abondantes pluies d'orage. »

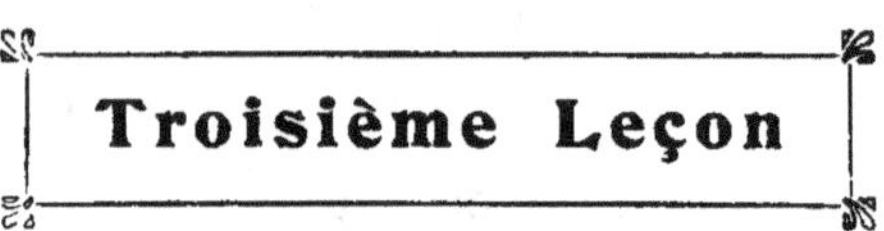

Troisième Leçon

L'énergie dans l'hygiène. — La santé.

« Il arrive trop souvent, dit Yoritomo, que la maladie dont nous souffrons n'est qu'un effet de la cause qui gît en nous.

« Il est rare que nous ne soyons pas les propres auteurs de nos malaises. »

« Il arrive aussi fréquemment, que si ces malaises s'accentuent au lieu de disparaître, c'est notre manque d'énergie seul que nous devons accuser.

« La volonté d'acquérir ou de conquérir la santé concourt, pour une large part, à son maintien dans notre organisme. »

En effet, sans l'énergie qui donne la persévérance, aucun régime ne pourrait être fidèlement suivi, car il arrive toujours un moment où des soins, dont l'urgence ne paraît pas immédiate, nous semblent pouvoir être différés sans inconvénients.

Notre apathie naturelle aidant, il nous apparaît trop souvent légitime de remettre au lendemain des pratiques d'hygiène, dont l'efficacité ne doit se manifester que dans un temps donné, afin d'achever telle ou telle besogne, ou de prendre un plaisir, auquel nous accordons le temps primitivement fixé par la mesure sanitaire quotidienne.

Avant de nous résoudre à ceci, nous devrions, sans y manquer, nous interroger sérieusement et il nous serait, le plus souvent, bien difficile de tenir pour sérieuses les raisons suggérées par notre paresse.

« Il nous faut d'abord, dit Yoritomo, nous pénétrer de cette nécessité : Nous devons combattre pour conserver les forces vives qui sont en nous, tant que nous ne les laisserons pas entamer, nous serons vainqueurs au combat de l'existence. »

Ces doctes préceptes semblent avoir été écrits et pensés hier par un de nos contemporains, vivement frappé des misères de nos civilisations.

Il est hors de doute aussi que la débilité corporelle est souvent accompagnée d'une volonté languissante, tandis que l'enthousiasme moral, père des grandes entreprises, coïncide presque toujours avec les moments où notre parfaite santé nous permet d'envisager n'importe quel effort avec certitude de réussite.

Mais pour la conquérir et surtout pour la conserver cette santé précieuse, une hygiène régulière, maintenue sévèrement est indispensable.

Il y a deux sortes d'Hygiène : l'Hygiène par action et l'Hygiène par abstention.

Or, cette abstention ne peut être observée que si elle s'appuie sur les déterminations que nous suggère l'énergie, et sans le secours de cette vertu il ne nous sera pas possible d'y persévérer longtemps.

Il faut, en effet, une sérieuse vigueur morale pour résister aux pièges souriants que nous tendent les plaisirs et pour nous imposer la privation d'un geste qui nous séduit.

Savoir résister aux tentations ! C'est l'apanage des natures d'élite que l'habitude de l'énergie a dotées des moyens de résistance qui font les races fortes.

La difficulté est d'autant plus vive que l'effet à redouter ne se manifeste pas immédiatement.

Prenons, si vous voulez, l'exemple d'un fumeur : avant de vouloir convenir que l'usage du tabac lui est funeste, il atermoiera, prendra toutes sortes

de prétexte pour donner une fausse origine aux malaises découlant simplement de son vice, jusqu'au jour où, enfin convaincu et dans l'impossibilité de trouver des faux-fuyants, il se voit contraint de prononcer le serment de renoncement **exigé** par le médecin.

Dans le premier moment, il est incontestablement sincère, mais dès que le mieux se fait sentir il sent faiblir ses résolutions et en vient bientôt à composer avec sa conscience : c'est d'abord une timide tentative, suivie bientôt de quelques autres.

Les malaises qui reparaissent sont toujours attribués par lui à une cause étrangère et peu à peu, repris par ses habitudes, il redevient la proie des souffrances de jadis.

Nouvel appel du médecin, nouvelle prohibition, nouveaux serments, nouvelle rechute... et il se traîne ainsi jusqu'au moment où le mal a pris de trop profondes racines pour qu'il soit possible de l'extirper.

Ce que nous venons de dire pour les fumeurs s'applique également aux alcooliques, aux morphinomanes, à tous ceux enfin que l'habitude a faits esclaves d'un geste réitéré et que la faiblesse de volonté rend prisonniers de cette coutume.

Si ces demi-malades ont le bonheur de tomber

sur un médecin qui comprenne qu'avant tout, le remède dont il doit les prémunir est l'énergie, iis ont déjà fait un grand pas sur le chemin de la guérison.

Et voilà encore le cas d'établir la nuance si marquée qui différencie la volonté de l'Énergie :

Le fumeur, en prenant la résolution du renoncement, fait un acte de Volonté, mais cette détermination, pour être réellement efficace, a besoin d'être soutenue par les efforts constants d'une vigilante énergie, qui permet à sa Volonté de se maintenir en se renouvelant.

Un genre de réglementation fort précieux pour le maintien de la bonne santé demande aussi une force de caractère dont certaines personnes peuvent difficilement fournir la preuve.

Le nombre est restreint de ceux qui savent résister à l'attrait de la bonne chère et négliger un plaisir passager pour s'éviter une existence traversée de malaises continuels, conduisant d'une façon maussade vers tous les accidents qui ne peuvent manquer d'attrister la vieillesse.

« Pour vivre vieux, dit Yoritomo, il faut savoir manger modérément, prendre le temps de mâcher ses aliments, et bien se garder d'adopter des habitudes de gloutonnerie, aussi préjudiciables à la santé physique qu'à l'état moral, car

la lourdeur de l'estomac à la suite des repas,
détermine un malaise qui influe sur la gaîté et
l'amabilité de notre caractère. »

« On ne doit, sous aucun prétexte, ajoute-t-il
plus loin, négliger de donner au corps ces soins
généraux qui, répétés tous les jours, sont indispensables pour vivre en bonne santé, c'est-à-dire
s'exempter de souffrir autant que cela est possible, et, par cela même, acquérir la vigueur physique et intellectuelle ainsi que l'activité morale
qui découlent d'un bon état physique. »

Prévenir d'abord, atténuer ensuite, et même,
dans certains cas, faire disparaître complètement
divers malaises que la négligence laisserait
volontiers prédominer dans l'organisme, tout cela
est un jeu pour les fervents de l'énergitisme.

A ce propos s'impose un discernement qui ne
peut s'obtenir qu'au prix d'une ferme volonté.

Il faut, en effet, établir une distinction sévèrement comprise entre les soins hygiéniques cons-
tituant la base solide d'un traitement et les mille
gâteries dont la pratique amollit et nous rend plus
accessibles à la souffrance.

Il n'est pas rare de voir, sous prétexte d'hygiène,
maintes personnes exagérer les précautions ou
les soins.

Il est des gens qui, de crainte de courant d'air, se calfeutrent dans une chambre mal aérée et trop capitonnée.

D'autres, fuyant les tentures — nids de microbes — se condamnent à une pénurie de mobilier qui leur rend la vie peu confortable.

Certains maniaques, de peur de respirer un air impur, dorment les fenêtres ouvertes, sans se préoccuper des variations de la température et se condamnent ainsi à de perpétuelles névralgies.

Il en est qui, sous prétexte d'exercice salutaire, s'adonnent à certains sports avec une ardeur tellement exagérée, que la fatigue endurée dépasse ce qu'ils peuvent supporter et ils souffrent de ce qui devrait leur amener le bien-être physique.

Enfin le nombre est grand de ceux que la peur des microbes condamne à une vie d'anxiété qui finit par les conduire tout doucement à la neurasthénie.

C'est à ceux-là que Yoritomo pensait lorsqu'il disait :

« Il ne faut pas que la crainte de la mort gâte la douceur de vivre. »

Combien de gens devraient méditer cette parole profonde et ne pas attrister leur existence avec la désespérante pensée qu'elle devra finir.

Et que d'hommes encore, uniquement préoccupés d'éviter les pièges de la maladie, sont la proie d'un accident plus grave qu'ils n'avaient pas prévu.

Peut-on rêver une revanche du sort d'une ironie plus macabre que celle qui, tout dernièrement, vient d'attrister une famille parisienne, dont le chef, atteint de la frayeur aiguë du microbe, trouva dans sa manie une si triste fin?

Il était tellement poursuivi par l'idée « contagion » que, pour rien au monde, il n'eût touché un objet étranger du bout de son doigt nu.

Pour ouvrir une portière, pour feuilleter un livre, pour lire un journal, il vêtait sa main d'un papier antiseptique.

Un jour, il voulut prendre l'omnibus. L'omnibus ! ! ! Cette voiture dont la rampe reçoit continuellement tant d'attouchements divers ! Vite, vite, le papier préservateur !

Hélas, la rampe était humide, le papier glissa, le pauvre maniaque fut renversé et foulé aux roues d'une automobile : on le releva mort.

A notre époque, ce que Yoritomo classait sous le nom de « soins généraux » est devenu une véritable science, qui, sous le nom d'hygiène, tend tous les jours à s'acclimater davantage.

Aux prescriptions dont nous avons parlé plus

haut, elle joint l'ordonnance de certains exercices physiques dont la pratique quotidienne est destinée à assouplir nos muscles et à les préserver de l'ankylose que l'âge et l'inaction amènent presque toujours.

Chez quelques êtres parfaitement doués, ces exercices bien dirigés, exécutés sévèrement et régulièrement, arrivent à développer certaines facultés qui permettent d'exécuter les prouesses d'endurance que nous admirons tous les jours.

Qui de nous n'est resté béant d'admiration devant nos aviateurs, produisant, aux travers des régions supérieures glacées, un effort dont l'énergie admirable est soutenue par la vaillance d'un corps, assoupli depuis l'enfance aux préceptes de l'hygiène et à tous ses exercices?

Quelle leçon pour les aveulis que la vue d'un champion cycliste qui, sous l'ardent soleil, sous la pluie pénétrante, à travers la raffale, pédale, pédale sans trève, soutenu par la force morale qui le fait *vouloir*, aussi bien que par la force physique de ses membres, dès longtemps entraînés à cet exercice !

Par certains jours où la bise aigre nous frôle désagréablement, n'avons-nous pas grelotté sous nos chauds vêtements en admirant les efforts d'un nageur s'entraînant en vue d'un concours ?

Et c'est toujours la même remarque émerveillée qui sort de toutes les lèvres :

« Comment est-il possible qu'un homme puisse arriver à un pareil degré de résistance à la fatigue, au froid, à la chaleur ? »

La réponse est contenue dans un seul mot: Hygiène.

Hygiène forcée, bien entendu, hygiène devenue application, puis entraînement rigoureux. Là l'Énergie joue le principal rôle. C'est l'Énergie qui, lorsque le corps demande grâce, fait la sourde oreille ; c'est elle qui dit : Marche ! aux membres fatigués et qui commande : Encore ! lorsque le corps dit : Assez !

Et c'est à cette voix seule que le corps las, les pieds devenus lourds, les mains roidies par l'effort, sont dressés à obéir.

C'est elle seule que l'homme entend et cette vigoureuse clameur fait taire si brusquement les plaintes arrachées par l'épuisement, qu'il arrive, sinon à oublier ses tourments physiques, du moins à les mépriser assez pour pouvoir les endurer encore.

Mais nous n'avons parlé là que de glorieuses exceptions.

La vie sociale de chacun de nous nous appelle en général à d'autres devoirs plus paisibles ; pourtant il n'est pas de situations où le temps, si mesuré qu'il soit, ne permette de donner une heure ou quelque fraction de cette heure aux soins de l'hygiène.

Et c'est à ce propos qu'une énergie raisonnée devient indispensable ; car la température, des soins divers, ou tout simplement les conseils de la paresse, nous font considérer parfois comme ennuyeux ou pénible ce petit devoir quotidien et nous remettons volontiers au lendemain cette obligation qu'il n'est pas rigoureusement impossible de supprimer.

Or il n'est que trop juste le proverbe qui dit : « Ne remets jamais à demain. »

Le jour suivant, une nouvelle occupation, une besogne qui paraît plus impérieuse, ou encore un prétexte dicté par la nonchalance, viennent de nouveau solliciter notre paresse et lentement s'espacent des soins qui ne doivent leur efficacité qu'à leur quotidien renouvellement.

Dans ce nombre, il faut ranger les exercices d'assouplissement qui, dans une hygiène bien ordonnée, doivent prendre place après la toilette de chaque jour.

Il serait puéril, pour se dérober, d'évoquer le manque de temps; tout le monde, même à condition de les prendre sur son sommeil, peut disposer de dix minutes pour conserver ou reconquérir la vigueur, la résistance et la joie de vivre.

En y réfléchissant un peu, nous verrons que nos muscles, sollicités par les accoutumances des besognes ou des distractions habituelles, travaillent d'une façon dont l'irrégularité est pernicieuse.

En effet, dans tel état les jambes sont employées d'une façon exagérée, aux dépens des bras qui restent inactifs; dans telle autre profession, le buste seul se meut, laissant les parties inférieures du corps dans une inactivité préjudiciable à la bonne harmonie.

Écoutons Yoritomo quand il dit:

« Je n'admire pas les arbres qui déploient leurs branches vers un même horizon et encore moins ceux qui nous montrent des rameaux grêles et malingres à côté d'autres, dont le développement semble s'être produit au grand dommage de leurs frères. »

Le moyen infaillible de ne point ressembler à ces arbres, est de rétablir, par des mouvements calculés et quotidiens, l'équilibre entre tous les muscles de notre corps.

On commencera d'abord par de légers exercices, dont on augmentera peu à peu la sévérité et la durée.

On gagnera à cette application force et adresse physique en même temps qu'esprit de discipline et vigueur morale.

Il est enfin une autre sorte d'hygiène, sur laquelle je m'en voudrais de trop insister, celle qui comprend les soins de la propreté quotidienne.

Le bain et la friction sont la gymnastique de la peau ; ils agissent sur nos nerfs de façon à les rendre sains et surtout résistants.

La santé est donc, en quelque sorte pour nous, une question d'énergie.

Si je n'avais peur de voir le lecteur se récrier, j'en dirais autant de la Beauté.

Oh ! dira-t-on, l'hygiène, si raisonnée qu'elle puisse être, n'a jamais eu le don de transformer un nez camus en un nez grec, ou de donner de la régularité à des traits mal dessinés.

Cependant !... Des spécialistes assurent que si la mère d'un enfant au nez épaté avait l'énergie de ne pas oublier de le lui affiner délicatement entre ses doigts plusieurs fois par jour, cet appendice aurait, avant la fin de la deuxième année, perdu en grande partie ses disgracieux contours.

Mais ceci nous entraînerait trop loin :

Qu'il nous suffise de faire remarquer qu'une délicate fraîcheur est toujours l'indice d'une bonne santé et qu'une santé parfaite ne s'obtient qu'au prix d'une hygiène quotidiennement pratiquée.

Une des conditions principales de la Beauté est aussi l'harmonie qui naît, surtout, de l'heureuse esthétique des mouvements, dont une gymnastique raisonnée accroît toujours la grâce.

Et tous ces dons, résultats d'une hygiène régulière, viendront, en se greffant sur les qualités acquises par notre énergie, former un faisceau que la confiance en soi, le courage et la dignité renforceront pour le plus grand bien de notre existence morale et matérielle.

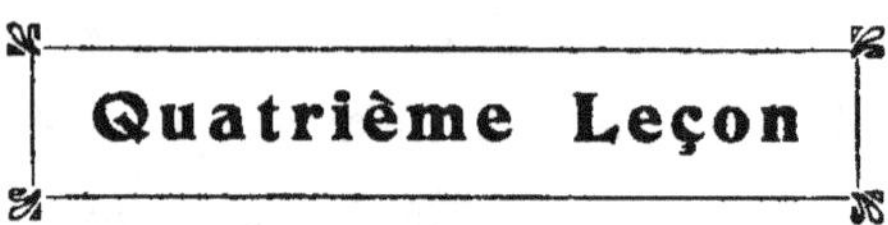

L'énergie vainqueur de la maladie.

« Nos malaises, dit Yoritomo, s'augmentent presque toujours de l'impatience avec laquelle nous les supportons. »

C'est une pensée profonde que nous allons, si vous le voulez bien, suivre dans ses développements ; car pour ceux qui arrivent à la bien pénétrer, elle peut être la source de grands allégements.

Est-ce à dire que nous devions toujours afficher pour le mal dont nous souffrons une indifférence, très souvent impossible et que cette indifférence doit être un gage certain de guérison ?

Il serait enfantin de soutenir une pareille thèse et nous ne voudrions, pour rien au monde, nous faire l'apôtre de ce faux stoïcisme que prêchent si volontiers ceux qui ne se piquent pas de raisonnement subtil.

Mais, parmi les lecteurs, il en est assurément très peu qui aient échappé à l'impression suivante :

Sous l'empire d'une émotion violente ou d'un sentiment très vif, oublier, pendant un temps plus ou moins long, des souffrances dont rien n'avait pu les distraire jusque-là.

Tous ceux qui liront ceci peuvent certainement évoquer une circonstance de leur vie où le fait s'est produit.

J'ai connu un homme qui souffrait de névralgies atroces et passait dans son lit, au milieu de la plus profonde obscurité, les heures où ce malaise le tenaillait. Il prétendait que tout mouvement accroissait son mal et se refusait, pendant ce temps, à prendre part à la vie active.

Un jour, dans le plus fort de sa crise, la servante fait irruption dans sa chambre : un accident venait d'arriver au plus jeune enfant du malade qu'on ramenait avec le bras cassé.

N'écoutant que son émotion, il se lève, fait quérir le médecin, réglemente tous les détails des soins à donner et lorsque, la fracture réduite, l'enfant calmé, il songe à regagner son lit, il s'aperçoit avec surprise qu'il a à peine pensé au mal dont il souffrait il y a quelques heures, avec une terrible exclusivité.

Stupéfait de constater que ses douleurs pouvaient céder devant une préoccupation étrangère, il se soigna, à partir de ce jour, d'une façon plus énergique et dorlotta un peu moins ses névralgies dont il finit par écourter d'abord et espacer ensuite les crises.

Ce fait, du reste, peut être observé tous les jours sur de très jeunes enfants :

Lorsque, dans le cours de leurs jeux, ils reçoivent un choc ou toute autre insignifiante blessure, leurs larmes jaillissent aussitôt et leurs cris font immédiatement redouter une sérieuse atteinte. Les caresses, les marques de sympathie, les baisers, ne peuvent rien en général sur cette souffrance dont la manifestation nous bouleverse. Mais qu'on agite devant eux une étoffe claire, que quelqu'un pousse un cri ou fasse un geste inhabituel, l'enfant s'arrête étonné, et, comme par enchantement, le sourire vient bientôt remplacer les pleurs.

Il est encore des circonstances où l'Énergie intervient dans le cours du mal présent comme préservatrice d'un mal infiniment plus grand.

Et je ne puis résister au plaisir de vous conter la jolie anecdote que Yoritomo narre à ce sujet :

« Il y avait, dit-il, un jeune samouraï qui était un modèle d'énergie et de vaillance.

« Il en donna une preuve un jour, et c'est à son courage et à sa présence d'esprit dans la souffrance qu'il dut une partie de son heureuse fortune :

« Comme il décrochait d'une panoplie un sabre très lourd, ce sabre tomba si mal à propos sur son visage qu'il lui cassa le nez.

« Heureusement que cette arme était demeurée dans son fourreau, car s'il en eût été autrement, le jeune homme aurait eu le nez coupé et non cassé.

« Toujours est-il que, malgré sa très vive souffrance, le jeune Samouraï qui avait étudié à l'école de l'énergie, ne perdit pas les heures en vains évanouissements ; il commença par ajuster l'os de son nez devant le miroir brillant d'un ancien bouclier qui faisait partie de la panoplie, puis, sans lâcher cet appendice, appela et envoya chercher un médecin qui déclara que sans cette marque de courageuse intelligence, le nez du jeune homme aurait subi le sort de tous les nez cassés et aurait pris une forme disgracieuse, ce qui ne fut pas.

« Cette aventure ayant été racontée par le médecin qui vantait l'énergie du jeune homme, la princesse Li-An-Tchan fut curieuse de le voir ;

elle le trouva très beau, l'épousa et il jouit maintenant de cette femme adorable et de ses grands biens. »

Tout en admirant la naïveté de cette historiette à laquelle le traducteur a su laisser sa saveur ingénue, il nous faut convenir qu'une fois encore, Yoritomo nous donne une leçon précieuse.

Oui, l'énergie peut, dans une certaine mesure, entraver le mal et le dompter.

Nos âmes d'ultra-civilisés ne sont plus, depuis longtemps, capables de rester impassibles au milieu des douleurs.

Les gâteries répétées dont la pratique nous amollit, nous rendent plus sensibles à la souffrance et le moindre bobo nous trouve affolés et geignants.

Nos habitudes de bien-être nous ont mal disposés à supporter la souffrance sous quelque forme qu'elle se produise.

Chez les peuples primitifs dont les privations et les fatigues ont, dès la prime jeunesse, endurci le corps, les forces semblent, en effet, atteindre un maximum inconnu des Européens.

Il est vrai qu'ils ignorent notre principale ennemie : la nervosité.

Nous lisons dans une relation concernant la

campagne contre les Hereros, rapportée par Fay :

« Pendant des jours entiers presque sans nourriture, sous l'ardent soleil du jour et durant les nuits les plus fraîches, sans aucun abri en chemin, ces gaillards courent encore, bien qu'ils aient quelquefois une ou plusieurs balles dans le corps et des plaies, qu'ils bouchent avec des morceaux de bois pour arrêter l'écoulement du sang... »

Fay attribue cette déconcertante énergie à l'habitude du mouvement, au grand air qui donne à ces hommes, dont le corps est toujours nu, une vigueur que les citadins ne connaîtront jamais.

Il faut aussi, je pense, faire la part de l'énergie morale qui les soutient jusqu'au lieu de repos et de rassemblement.

Ils savent bien que ceux qui tombent en route seront abandonnés au supplice de la soif, de la fièvre et à la cruauté des hôtes féroces de la forêt.

Tandis que ceux qui peuvent arriver jusqu'au campement, sont assurés d'étancher leur soif, étendus sur un lit moelleux de feuilles, et de sentir le feu de leurs blessures calmé par un bienfaisant baume.

La perspective de ce soulagement leur fait donc accomplir ces prouesses de l'Endurance, véritable fille d'une énergie dont les vibrations seules emplissent leur cerveau.

« Si ceux qui se mêlent de guérir les autres, dit Yoritomo, avaient de l'énergie en suffisance, les cures seraient plus nombreuses et on verrait moins de gens se traîner demi malades alors qu'ils pourraient vivre en joie et en santé.

Et plus loin :

« Il faut puiser le Bon là où il se trouve, même lorsqu'il flotte au milieu du lac de l'erreur, et, dans ce cas, un philosophe ne doit pas craindre de dénouer sa ceinture et de se précipiter dans l'onde dont il est entouré.

« Il y avait dans une rue pauvre de Yokohama, une femme qui croyait aux sorciers et aux devins. Étant malade, elle s'en fut consulter un de ces imposteurs qui, en échange de tout son argent, lui donna une bague.

« Il fit, en la lui donnant, beaucoup de tours de son métier, incantations, etc., et l'assura que, tant qu'elle conserverait cette bague, elle ne souffrirait plus de ses maux.

« La pauvre femme, qui avait les yeux éteints, ne pouvait contempler sa bague, mais la caressait jour et nuit et se trouva bientôt soulagée.

« Or voilà qu'un mauvais garçon, un jour

qu'elle dormait dans l'ombre d'une petite rue, s'avisa de la lui voler.

« Le lendemain, la malheureuse, reprise de tous ses maux, se traînait misérablement en clamant sa peine.

« Cela dura quelques jours ; enfin, un matin, tâtonnant dans les amas impurs, elle trouva un petit cercle de fer qu'elle crut être sa bague.

« Elle s'en para et le montra fièrement aux voisins qui, par pitié, ne la détrompèrent pas.

« A partir de ce moment, elle se trouva guérie de tous ses maux et reprit joyeusement le cours de sa misérable existence. »

Quelle leçon pour nous tous qui approchons des malades chers !

Et quelle noble tâche aussi de conquérir assez d'énergie pour la faire rayonner dans leurs esprits, d'autant plus malléables, qu'ils sont affaiblis par la souffrance !

L'Espérance, dans bien des cas, est la divine panacée qui, bien mieux que les remèdes, précipite la guérison.

L'Énergie est souvent encore vainqueur de la maladie, dans les cas où une résolution forte vient s'imposer.

Depuis les tout petits inconvénients inhérents

à des maux anodins, jusqu'aux mortelles conséquences d'une opération trop longtemps différée,
l'énergie peut abréger et supprimer la souffrance
en nous aidant à maintenir une résolution pénible,
mais nécessaire.

Ils sont légion, les gens qui souffrent pendant
des années d'une dent malade, parce qu'ils n'ont
jamais su trouver le moment d'énergie indispensable au pansement de cette dent.

Avec un quart d'heure de résolution et l'énergie
de souffrir volontairement pendant un temps très
court, ils eussent pu s'épargner de longues nuits
d'insomnie et de nombreuses heures de crises
douloureuses.

Il en est d'autres qu'une opération pourrait
libérer d'une existence de valétudinaire dont
l'issue ne peut être que fatale et prématurée.

A leurs souffrances physiques, ils ajoutent donc
encore une torture morale, et ce supplice aurait pu
leur être évité s'ils avaient su prendre la résolution
de se résoudre à une intervention chirurgicale.

Mais pour cela, la volonté qui dicte les décisions
et surtout l'énergie qui sait les affermir, leur ont
complètement fait défaut.

Une des conditions de la bonne santé est aussi
la tranquillité du sommeil.

J'ai déjà dit dans un précédent chapitre combien était précieuse la faculté de s'isoler et j'ai parlé de la concentration.

Cette concentration, un des points de départ de la faculté d'énergie, est précieuse pour assurer le repos.

Il est mauvais de laisser aller la pensée avant de s'endormir, car elle nous ramènera toujours au point le plus vif des préoccupations qui nous ont assaillis pendant la journée.

Si nous avons l'énergie de la maintenir sur un sujet qui nous en éloigne, cet effort de concentration vers un objet dont l'importance ne peut pas être une cause de hantise, nous permettra de reposer plus profondément et de réparer nos forces d'une façon plus effective, tout en donnant moins de temps à notre délassement complet.

Napoléon, dit-on, possédait ce pouvoir à un degré très élevé ; il dormait presque instantanément, dès que les besoins de la guerre ou ceux du trône le lui permettaient, et se réveillait avec une instantanéité stupéfiante, mieux reposé ainsi par deux heures de sommeil que bien des gens par une nuit tout entière.

C'est ce que Yoritomo appelle : « la retraite du silence ».

Il recommande de s'y préparer par une immobilité voulue, tandis que la pensée doit s'abstraire de ce qui n'est pas l'abolition de toute préoccupation irritante.

« On parvient, dit-il, à arrêter complètement la circulation des idées et bientôt, on éprouve une délicieuse langueur; à peine perçoit-on les bruits du dehors, et si l'on a l'énergie de mettre journellement ces principes en pratique, on en viendra à dormir profondément même, au milieu d'un véritable tapage. »

« Les médecins et les philosophes, dit-il encore, ont souvent le défaut de chercher les maladies du corps ailleurs que dans les défauts de l'esprit.

« Il est des gens que la croyance en un mauvais sort qui les poursuit, empêche de combattre, comme ils le devraient, la destinée contraire. Ils baissent la tête pour recevoir des coups, qu'ils éviteraient peut-être, en cherchant à les parer.

Les gens tristes, chagrins, ceux qui se plaignent de la vie et voient l'humanité à travers un voile noir, sont moins bien armés que les autres pour le combat de tous les jours; une indisposition les abat, une maladie jette en eux des racines morbides et leur manque d'énergie les laisse désemparés contre les maux qu'ils n'ont pas le courage de combattre.

« En outre, le mal le plus anodin dégénérant à leurs yeux en une chose très grave, leur imagination devient bientôt le principal germe de leur mal. »

Nous avons tous vu, en effet, quelle influence désastreuse le moral, que ne conduit plus une volonté désagrégée, peut avoir sur l'humeur générale, en déterminant la neurasthénie et tous les accidents qui en découlent.

Dans ce dernier cas, surtout, une énergie habilement éveillée, sagement entretenue, peut seule avoir raison des malaises, imaginaires d'abord, trop réels ensuite, qui accablent bientôt ceux que la veulerie enserre de ses tentacules.

Grâce à l'énergie du médecin, qui saura bientôt faire passer en l'âme de son malade les germes de cette vertu, ce dernier, que les préceptes virils galvaniseront, en viendra à surmonter les maux que son absolu *vouloir* réduira à leur véritable proportion, et encore une fois l'Énergie aura remporté une suprême victoire, triple cette fois, car elle aura vaincu la misère morale, soulagé la maladie et, par suite, ajourné la mort.

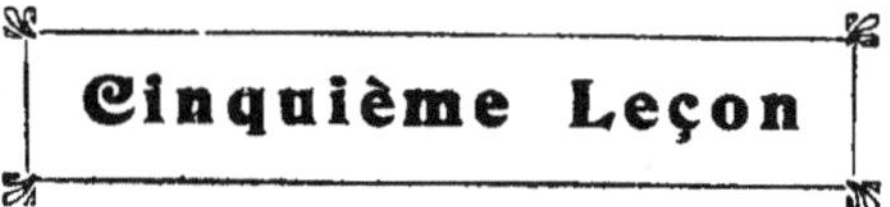

Cinquième Leçon

La force par l'énergie.

« Toute activité, dit Yoritomo-Tashi, dépend d'une cause finale et est toujours régie par notre volonté.

« Si cette volonté n'est pas secondée par l'énergie, ses facultés directrices deviennent hésitantes et non seulement la virilité des résolutions s'amoindrit, mais la force physique elle-même s'atténue. »

En cette matière, du reste, le penseur japonais se rencontre avec le grand Nietzsche qui disait :

« Il n'y a pas de volonté forte et de volonté faible ; si elle est faible, elle n'est pas. »

En effet, la mobilité des élans, la diversité des enthousiasmes qui assignent à nos actes des buts différents, buts que, la plupart du temps, nous abandonnons avant de les avoir atteints, ces efforts rompus, mal dirigés, brisent aussi bien notre vigueur morale que notre force physique.

La force, cette beauté devant laquelle tous, manants ou délicats, s'inclinent, lorsqu'elle est mise au service d'une juste cause, est souvent, disent les faibles qui l'envient, l'apanage des natures frustes.

Tout en faisant la part d'une partialité dictée par le dépit, il faut bien reconnaître que les intellectuels, pris par d'autres soins, ont rarement l'énergie nécessaire de s'asteindre aux exercices qui développent les muscles.

J'ai dit « l'Énergie » et non pas « le temps », car, ainsi que je l'ai indiqué dans un précédent chapitre, dans toute existence, si occupée qu'elle soit, il y a toujours place pour le quart d'heure d'exercices journaliers qui permettent à notre force physique de s'épanouir et de s'étendre, ou tout au moins de ne pas diminuer.

En toutes choses, l'état stationnaire est un recul jusqu'au moment où l'on peut atteindre l'apogée.

Et lors même que nous nous croyons arrivés à la dernière limite de ce que nous pouvons donner comme force brutale, le travail quotidien nous fait encore acquérir une aisance qui pourrait, à l'occasion, rendre cette force plus redoutable.

Mais, dira-t-on, on a rarement, dans la vie sociale ordinaire, l'occasion de déployer des talents d'Hercule et pour faire son chemin dans le monde, point n'est besoin de se le frayer à coups de poings.

C'est un tort très grand et trop généralement répandu que de considérer les qualités des forces physiques au seul point de vue pugilat.

Il est, au contraire, reconnu que les hommes conscients de leur force athlétique, sont presque toujours très doux, peut-être parce que la conscience du mal qu'ils pourraient faire retient le geste qu'ils savent redoutable.

Un homme robuste, cependant, en impose toujours aux gens animés de mauvaises intentions et il est des circonstances où cette qualité peut être une sauvegarde.

A qui n'est-il pas arrivé de se trouver, au milieu de la nuit, dans une rue solitaire? Que de fois un passant paisible s'est trouvé heureux de pouvoir recourir à la solidité de ses poings ou à la science du chausson pour élargir autour de lui le cercle des errants nocturnes!

Et quand même il ne serait pas obligé d'en venir là, la conscience de sa force qui lui donne la certitude de pouvoir se défendre, lui laisse une tranquillité d'âme qu'il ne pourrait conserver s'il se sentait assez faible pour risquer de servir de proie aux rôdeurs.

Dirai-je encore combien la force physique est admirée des femmes et quels succès de toute nature attendent, près d'elles, celui qu'elles peuvent regarder comme un protecteur assuré au moment du danger?

Si j'osais, j'ajouterais que la politique non plus ne manque pas de sourires pour celui qui, dans une réunion publique, peut couvrir de sa voix les clameurs de ses adversaires et s'y montre doué d'une musculature, laissant à penser qu'en cas de démêlés par trop... agressifs, il serait de taille à soutenir la cause, en retorquant *tous* les genres d'arguments.

De tous temps, la force fut prisée à l'égal d'une vertu ; de tous temps, des jeux furent institués pour fêter son triomphe qui est toujours aussi celui de la beauté, car les proportions impeccables ne sont guère le lot des êtres chétifs, qu'une volonté débile et une paresse invincible ont éloignés des exercices athlétiques.

Bien entendu, si la situation sociale le permet, l'étude d'un sport quelconque sera toujours infiniment profitable, en ce sens qu'elle fait croître en nous l'énergie, la force de résistance et une qualité maîtresse qui peut nous être, dans le cours de la vie, d'un secours infini : La présence d'esprit.

Nous avons tous admiré le sang-froid des jeunes cyclistes qui se meuvent au milieu de l'encombrement des rues avec une aisance déconcertante.

Et l'on ne peut s'empêcher d'applaudir à la promptitude de raisonnement, en même temps qu'à la puissance de décision, qui permettent à ces adolescents de circuler, sans commettre un faux mouvement, à travers les méandres mouvants des véhicules parisiens.

Mais, dira-t-on, le sport, quel qu'il soit, n'est pas toujours à la portée de tous ; il y a des circonstances qui ne permettent pas de s'y livrer.

Ce raisonnement serait juste s'il s'agissait uniquement des variétés de sport qui demandent un moyen ou un instrument, mais il en est un que les plus pauvres peuvent adopter, et ce n'est certes pas le moins réconfortant : j'ai nommé la marche.

Dans une marche bien cadencée, tous nos organes prennent part à l'action bienfaisante : les membres inférieurs d'abord, ensuite la poitrine qui se développe et prend de l'envergure, les bras dont le balancement doit être régulier comme celui du lancement des jambes, les muscles du cou qui supportent la tête, etc., etc.

On objectera peut-être que cet exercice est une grosse perte de temps et que c'est surtout ce qui manque à ceux qui sont obligés de gagner leur vie.

Les raisonneurs nous permettront de sourire et de leur répliquer que si chaque heure de leur vie passée dans l'oisiveté ou, pis encore, au café, avait été dévouée à un exercice salutaire, dont la pratique aurait su faire grandir en eux de saines qualités d'énergie, la pauvreté absolue ne serait peut-être plus le prétexte invoqué par eux pour se soustraire aux bienfaits d'un sport quelconque.

Avec les romances de 1830 s'est évanoui l'engouement pour les visages défaits et les mines de poitrinaires.

Le temps n'est plus ou un jeune homme pâle, au regard fatal, le cou serré dans une interminable cravate, faisait couler les pleurs des jeunes femmes sensibles en chantant :

Quand vous verrez tomber (*bis*) la feuille morte...

Ou bien en déclamant :

> Triste et pensif à son aurore,
> Un jeune malade à pas lents...

Ces étalages de décadence physique n'ont plus maintenant le don d'intéresser personnes.

On plaint le pauvre jeune homme pâle, mais on ne le prise plus et on le déclare ennuyeux, tandis que le regard admiratif de toutes les femmes se tourne vers le gars aux larges épaules, qui raconte ses exploits en auto, ou parle des records qu'il a battus à bicyclette.

Le délire d'enthousiasme qui accueille chaque sortie de nos aviateurs, les ovations qui saluent leur arrivée, prouve que le règne de la mièvrerie romantique est fini.

Celui de l'énergie commence ; son culte s'étend peu à peu et ses adeptes deviennent tous les jours plus nombreux.

De plus en plus, la force physique, acquise par une énergie intelligente qui l'augmente et la conserve, devient l'objet de notre vénération.

L'homme énergique et fort est le triomphateur de notre époque.

« Une âme saine dans un corps robuste », telle est la devise de la génération qui s'élève, celle que nous devons inculquer à nos fils.

Haut les cœurs ! Ce cri ne peut être compris que de ceux dont l'énergie morale ne saurait être entamée et qui, fiers de leur puissance; pourront, l'âme calme et le corps dispos, aborder les obstacles que la vie dresse sous les pas de chacun de nous et se rire des pièges que la destinée tend à la faiblesse physique et au vouloir défaillant.

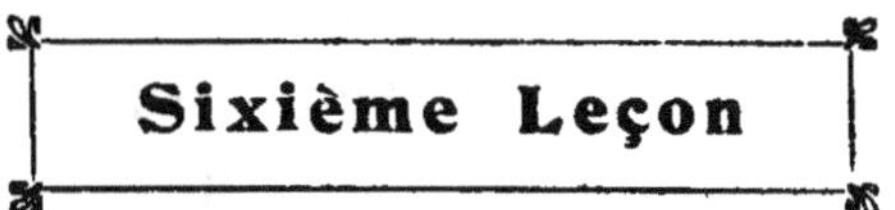

Pratique de l'énergie dans la vie.

Le long apprentissage nécessaire à chacun de nous, dès notre naissance, pour devenir maîtres de nos mouvements, est déjà une école de volonté.

Plus tard, si l'éducateur s'y applique soigneusement, cette volonté trempera les jeunes âmes, qui s'ouvriront tout naturellement pour recevoir l'action de ses ondes bienfaisantes.

C'est pourquoi il est bon d'habituer les jeunes esprits à la pensée d'une énergie directrice de tous les actes de la vie, énergie sans laquelle rien ne peut exister durablement, en dehors de laquelle rien ne peut se parfaire et qui, dès leurs premiers ans, les soutiendra dans la lutte que les événements ne manqueront pas de susciter au cours de leur existence.

« Ce n'est pas sans raison, dit Yoritomo, que

lors de la fête des garçons, on leur distribue des papiers affectant la forme d'une carpe, emblème de l'Énergie, car elle ne bouge pas et ne crie pas sous le couteau. »

On pourrait peut-être bien remarquer qu'elle saute et que c'est là sa façon de protester, mais tout en faisant la part de la naïveté du symbole, nous ne pouvons nous empêcher d'admirer l'idée qui préside à cette leçon de choses.

Dès l'enfance, ce peuple japonais dont l'épanouissement intellectuel et physique a fait l'étonnement de l'Univers, dresse ses fils à honorer l'énergie.

De là à la cultiver, il n'y a qu'un pas. Nous savons combien brillamment il a été franchi et ce résultat donne d'autant plus de poids à la doctrine prêchée par Yoritomo, doctrine dont nous essayons de tracer ici les lignes principales :

« Ceux qui ne savent pas maîtriser leur premier mouvement, dit Yoritomo, ne seront jamais des conquérants de la vie.

« Même lorsque ce premier mouvement est louable dans sa source, il faut encore y songer longuement avant de l'exécuter.

« Ce sera d'abord le moyen de nous mettre en garde contre la sensibilité exagérée qui peut nous conseiller un acte que la froide raison désapprouve.

« Il est, en effet, des résolutions, très nobles en elles-mêmes, mais nuisibles pourtant, puisque nous ne pouvons pas les maintenir.

« Par exemple, celui qui, déjà chargé de famille, voudrait recueillir un enfant qu'il ne pourrait pas continuer à nourrir, ferait un acte blâmable, puisqu'il aurait, pendant un temps, réduit la portion des siens et ensuite rejeté à la rue une créature à laquelle il avait donné droit de prétendre à une existence tout autre. »

Que de contemporains pourraient avec fruit méditer ces paroles !

Que de fois, dans l'effervescence causée par une influence passagère, il arrive de donner un espoir qui ne se réalisera jamais.

Et en pareil cas, il est rare que nous soyons entièrement notre propre dupe.

Nous cédons à mille sentiments mesquins en nous engageant ainsi : gloriole, orgueil de jouer un rôle, désir aussi de donner de la joie, désir égoïste s'il en est, car nous ne nous rendons pas compte qu'il est basé sur l'ennui que nous donne la tristesse de notre prochain.

L'espérance que nous développons ainsi en lui, nous délivre du spectacle de son affliction et dans notre désir de joie, nous ne nous disons pas que le réveil qui suit la chute du rêve est plus terrible que le tête-à-tête avec la souffrance, énergiquement combattue.

Un bienfait maladroit peut être la cause d'infinies amertumes pour celui qui l'a reçu.

Le sage l'a dit: C'est donner deux fois que de donner bien.

Et c'est mal donner que de le faire sans réfléchir et sans se préoccuper des conséquences d'une libéralité passagère, dont la source ne découle pas d'une pensée énergique, assez suffisamment distillée, pour que les résultats en soient durables.

« Toutes les passions inférieures, dit le philosophe japonais, sont produites par un relâchement de l'Énergie. »

La passion, il est vrai, n'est pas autre chose que la ruée de l'animalité qui voudrait devenir victorieuse de l'esprit.

C'est la poussée vers la jouissance immédiate, obtenue trop souvent au prix de futures souffrances.

C'est. en un mot, la victoire remportée par les puissances inférieures, hostiles toujours à la paix et au bonheur de notre vie.

Un seul moyen nous est offert pour lutter

contre ces impulsions, dont les promesses trop souvent flatteuses, caressent notre paresse et notre désir de bien-être.

Ceux qui sont élevés à l'école de l'énergie savent se préserver de ces actes irréfléchis, de ces résolutions accomplies sous l'empire d'une force mauvaise que notre lâcheté morale n'a pas eu la force de combattre.

Les adeptes de la Volonté le savent bien, l'harmonie seule est le vrai joyau de l'existence ; ils n'ignorent pas que sans cette condition, la vie, si brillante qu'elle puisse paraître, n'est qu'une suite de joies fausses et de douleurs cachées.

« La vie de ceux qui sont atteints de lâcheté morale, dit Yoritomo, est comme une étoffe chatoyante dont les dessins somptueux seraient interrompus par de larges trous autour desquels grouilleraient des vers. »

C'est aussi la volonté qui nous accoutume à la pratique de ces mille petites vertus qui contribuent surtout à embellir l'existence, l'attention, l'amabilité, l'exactitude, l'esprit de suite, l'enjouement, la promptitude, la réflexion, etc.

Il ne viendrait à l'idée de personne de trouver quelqu'un moins vertueux parce qu'il est distrait.

C'est un défaut dont on sourit volontiers, pourtant il est cause de maints désaccords.

Outre l'agacement spécial causé par les mille petits inconvénients qu'il entraîne, il est rare qu'une personne affligée de ce défaut ne froisse pas ses interlocuteurs par le manque d'importance qu'elle a l'air d'ajouter à leur conversation.

En outre, l'habitude de la distraction entraîne généralement celle du gaspillage de la pensée.

Dans ces cerveaux puérils, elles s'enchevêtrent, se chevauchent, s'ébauchent, et disparaissent pour faire place insensiblement à d'autres images brumeuses, dont le flou développe l'imprécision du caractère.

Il n'est pas donné à tout le monde d'être aimable. Ceci implique un certain détachement de soi-même qui ne peut être obtenu que par l'habitude de se vaincre.

La journée est tissée de petites préoccupations, d'ennuis minuscules, d'infimes questions dont la solution retient quand même notre intérêt.

Savoir déposer un moment ces soucis en miniature pour répondre avec un sourire, secouer la pensée du devoir ou du projet qui chemine dans notre cerveau pour écouter ce qu'on nous narre, c'est assurément faire preuve d'énergie, d'autant mieux que cette preuve nous sommes appelés à la fournir plusieurs fois par jour.

Les gens inexacts ignorent le supplice auquel ils soumettent ceux qui sont appelés à vivre près d'eux.

Il est cependant bien facile d'asservir ses habitudes à la règle de l'heure : un peu moins de temps perdu, sans aucun profit pour le plaisir, et tous les actes de la vie, au lieu de s'accomplir dans la hâte effarée d'un retard qui pourrait entraîner d'ennuyeuses complications, se passeront dans le calme et la réflexion, qui permettront de les peser et de les juger avant de les parfaire.

Faut-il insister aussi sur l'avantage d'avoir évité pour nos proches l'impatience provenant de l'attente et la mauvaise humeur qui en découle, mauvaise humeur dont nous avons toujours à subir peu ou prou les éclaboussures ?

L'esprit de suite est fils de la réflexion et de l'attention ; l'enjouement naît de tout ce que nous venons d'appeler les petites vertus; car en les pratiquant on s'évite ces tiraillements continuels, ces coups de pointes d'épingles qui, à la longue, finissent par former des blessures, que l'incident le plus négligeable avive au point de les rendre inguérissables.

Le grand grief des gens qui n'en n'ont pas de réel à formuler — ou plutôt qui en auraient trop — l'incompatibilité d'humeur, cette raison si fréquente de la plupart des divorces, ne prend pas sa source ailleurs que dans le manque des petites vertus que nous venons de célébrer.

Car on a rarement l'occasion de faire une action d'éclat ou d'accomplir un grand acte de dévouement ; la mesquinerie de la vie ne réclame guère de geste magnifique, mais les occasions d'être agréable à ceux près desquels nous vivons se présentent à chaque moment du jour.

« La force des sentiments non canalisée, dit Payot, quand elle ne peut se déverser dans les hautes régions de notre nature se répand dans les bas-fonds de notre animalité. »

C'est ce qui arrive trop fréquemment lorsqu'une énergie raisonnée n'a pas détruit en nous les germes de paresse que nous apportons presque tous en naissant.

La paresse a une terrible répercussion sur le corps, en ce sens qu'elle tend à affaiblir la santé en atrophiant la volonté.

Peu à peu, la méditation d'où naissent les résolutions que l'énergie seule mûrit et soutient, devient un effort insupportable, si bien que les décisions, prises au cours d'accès de nervosité, sont rarement de nature à nous satisfaire.

N'ayant pas eu assez de caractère pour nous appesantir sur l'étude du projet auquel nous voulons donner un corps, nous n'en avons pas envisagé toutes les impossibilités ou, du moins, toutes les défectuosités et lorsque vient le moment de le mettre à exécution, nous nous heurtons à mille désagréments qu'une méditation sérieuse nous aurait évités.

La prévision des événements, quand même ils ne se réaliseraient pas toujours, ainsi qu'on l'a pensé, nous met cependant très souvent à l'abri de maintes surprises.

« L'Improviste, dit Yoritomo, trouble les esprits débiles et le sage s'efforce de l'écarter de sa vie. »

Prévoir les choses, c'est bien souvent aussi se préparer de subtiles défaites, dont les prétextes habilement choisis sont de nature à éviter de créer des inimitiés.

Si, par exemple, nous avons des raisons de supposer que telle personne va venir près de nous porteur d'une requête à laquelle nous ne voulons pas accéder, nous préparons d'avance des formules de refus et nous faisons en sorte de l'éconduire sans la blesser.

Si, au contraire, nous nous laissons prendre au dépourvu, nous nous verrons dans l'obligation de lui refuser, d'une façon qui peut être trop brutale ou trop transparente, ou d'accéder à son désir, malgré l'ennui que cela devra nous causer.

« Le sage, ajoute le philosophe japonais, bannit l'improviste de sa vie, autant que les événements le lui permettent.

« Il s'efforce de se tracer un but et ne s'en laisse point distraire ; aucun événement ne vient le détourner de la ligne de conduite qu'il a adoptée, car la plupart de ces événements sont des objections qu'il a déjà pressenties et qu'il a résolument décidé d'aplanir. »

La prévision est encore précieuse en ce sens qu'un acte conçu et mûrement pensé peut être bien souvent regardé comme un commencement d'exécution.

Dans la vie politique surtout elle a une valeur indéniable ; elle préserve des hésitations qui, presque toujours, diminuent l'homme d'action aux yeux de ses partisans.

Celui qui a lentement mûri ses projets, qui, comme dit le peuple, « sait où il va » n'a pas de peine à grouper des partisans autour de sa fortune.

Son assurance entraîne les indécis ; les timorés,

séduits par des assertions que l'avenir rectifie, se glissent volontiers dans son sillage, confiants dans l'exécution d'un programme dont tous les détails sont médités et arrêtés.

Un grand point pour vivre en état de sérénité est d'éviter d'éparpiller ses efforts.

De travaux très divers, il résulte presque toujours une grande fatigue d'esprit.

En outre, nous en obtenons difficilement la satisfaction désirée, car tant de besognes différentes parviennent rarement à l'achèvement et à la perfection.

Et il est constant que le travail qui n'arrive pas à son complet accomplissement ne donne aucune satisfaction ; l'effort seul subsiste ; son couronnement faisant défaut, il ne nous laisse qu'un souvenir maussade, auquel ne se rattache pas le désir du renouvellement.

Or le souhait de la réussite fait partie des sentiments qui nous soutiennent et nous donnent cette joie de vivre que ne ressentent qu'imparfaitement les âmes de volonté défaillante.

Quoi qu'en disent les esprits chagrins, ceux qui n'ont point eu l'énergie de déblayer leur route de tous les tracas suscités par leur incurie, la vie vaut la peine d'être vécue.

« Il dépend souvent de nous, dit Yoritomo, d'en faire un Calvaire ou une apothéose et avec les événements qui ont constitué ce que tant de gens appellent leur infortune, beaucoup d'autres, animés des préceptes de l'énergie, eussent conquis cette chose rare entre toutes, parce que nous savons mal la découvrir : le bonheur. »

Sully-Prudhomme l'a écrit :

« L'homme ne jouit longtemps et sans remords que des biens chèrement payés par ses efforts. »

Et Yoritomo, dans son langage imagé nous dit aussi :

« La branche d'amandiers que nous avons été cueillir sur un arbre lointain nous semble plus fraîche et plus parfumée. »

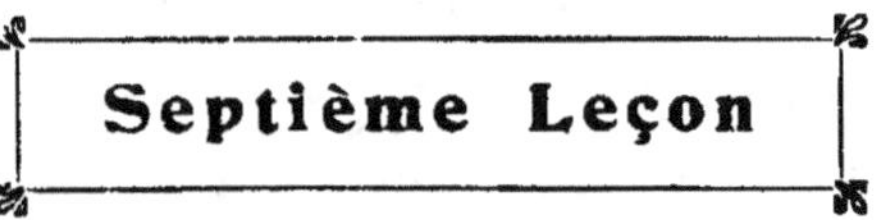

Septième Leçon

Les affaires.

« Le travail, dit Yoritomo, est la conquête de l'activité sur l'inaction et sur les principes de l'énergie assoupie.

« La maîtrise de soi et la persévérance de la volonté, résolue à atteindre un but, sont les qualités principales, nécessaires au perfectionnement d'un travail quel qu'il soit. »

C'est surtout dans ce genre d'occupations que l'on nomme les affaires que ces vertus maîtresses doivent être pratiquées.

On entend, sous le nom général des affaires, tout ce qui échappe au fonctionnarisme ou aux professions libérales.

Le banquier fait des affaires ; le gros négociant, l'industriel, le boursier, etc. ; sans parler des affaires de la politique, qui, malgré qu'elles ne reposent pas sur des transactions monétaires, n'en sont pas moins subtiles et délicates au premier chef.

Pour se mouvoir intelligemment au milieu des pièges tendus par les intérêts divers, un grand sens du tact, de l'esprit de suite et surtout de l'énergie patiente est indispensable.

Ce n'est pas tout de travailler incessamment; encore faut-il le faire d'une façon assez intelligente pour que nos efforts convergent vers un même but et qu'une maladresse ou un manque de réflexion ne viennent pas détruire en une heure tout un échafaudage laborieusement construit.

Le temps qu'on dérobe aux affaires, s'il est employé de façon à ne pas les perdre de vue, n'est souvent pas du temps perdu.

Bien des observateurs superficiels ne se rendent pas compte que telle transaction avantageuse a été conclue en dansant ou en suivant habilement certaines réceptions qui réunissaient les personnages de l'influence desquels l'issue en dépendait.

Pour arriver dans les affaires à mettre, comme on dit, toutes les chances de son côté, il faut d'abord avoir longuement préparé ses démarches.

Ne rien laisser au hasard est une des conditions les plus certaines de réussite.

Il est nécessaire pour cela de s'inspirer des conseils d'énergie que nous avons donnés déjà: se recueillir d'abord et préparer l'affaire en tâchant d'en envisager tous les côtés, séduisants ou dangereux.

Faire consciencieusement la part des avantages et des revers, sans se laisser influencer par ses propres préférences et dès que l'on voit sûrement la balance pencher du côté du succès, décider en principe de commencer l'entreprise.

C'est alors que le travail de méditation et surtout de prévision doit intervenir, afin qu'aucune des péripéties concernant cette affaire ne nous trouve pris de court.

Une des causes de joie dans la vie est assurément la sensation que nous donne une négociation en bonne voie.

Le bonheur donné par le travail est un bonheur réel, qui a sur tant d'autres l'avantage de nous donner l'occasion de vivre notre rêve.

C'est encore un sûr moyen d'oublier les ennuis et les petits tracas journaliers dont la répétition fait le désespoir des oisifs.

Ces derniers ont besoin de l'agitation du monde et du voisinage d'une société, quelle qu'elle soit; s'ils ne la trouvent pas dans leurs pareils, ils l'acceptent de leurs inférieurs, mais tout leur semble préférable au vide causé par le désœuvrement.

« Le travailleur, dit Yoritomo, peut toujours garder sa dignité, surtout s'il est guidé par l'énergie qui lui a donné le loisir de préparer son travail, car seule la poursuite des choses qui ne dépendent pas de nous, nous met dans la dépendance d'autrui. »

Il nous donne encore de précieux conseils, dont l'application peut aider à la fortune des hommes d'affaires.

« Il ne faut jamais, dit-il, se laisser duper par la surabondance des mots. »

Et plus loin cette maxime que bien de nos faiseurs de lois pourraient méditer avec fruit :

« Si vous vous attardez à d'inutiles bavardages sur le seuil de la maison d'état, vous ne pourrez plus trouver, en prenant place au conseil, l'inspiration qui doit vous éclairer dans les décisions qui regardent le sort des peuples. »

Dans une autre forme, Carlyle a dit aussi :

« Le silence est l'élément dans lequel se forment les grandes choses. »

Il ne faudrait cependant pas confondre le mutisme et le recueillement.

Si les bavards sont généralement incapables en

affaires, il est des circonstances où parler beaucoup est une tactique concertée d'avance ; mais ceux qu'une énergie réfléchie et soutenue anime, sauront éviter ces excès et n'adopteront que les plans conçus par un esprit digne, élargi par la pratique des vertus qui constituent cette force et qui nous permettent de l'exercer et de recueillir tout le bien qui en découle.

Car la parole inconsidérée disperse au vent toutes les énergies, si nous mettons tous nos efforts à glorifier l'acte que nous projetons, lorsque le moment sera venu de l'accomplir, nous nous trouverons tout étonnés d'avoir dépensé dans cette exubérance toute la somme d'habileté dont nous étions capables, et, le moment d'agir venu, nous nous trouverons tout dépourvus.

Il arrive aussi maintes fois que le souci d'intéresser les curiosités étrangères pousse certains esprits futiles à jouer un rôle afin d'attirer l'attention.

Mais, en raison même de leur puérilité, ils peuvent rarement maintenir ce rôle en en acceptant toutes les conséquences, si bien que bientôt, percés à jour par les gens sensés, l'étiquette de « fantoches », s'attache à leur personne et leur rend les affaires sérieuses moins abordables.

« Il ne faudrait pas croire, dit Yoritomo, non plus, que les gens d'affaires sont voués à un travail perpétuel.

« De même que l'arc toujours bandé lance sa flèche avec moins de force et en vient parfois à se rompre, en ne laissant aux mains de l'archer que d'inutiles débris, une intelligence constamment en éveil ne tarde pas à se détendre ou à se briser lorsqu'on la sollicite plus sévèrement.

« Il faut avoir l'énergie de réglementer les moments du travail et prévoir le temps où les affaires, laissant quelque répit, on pourra occuper ces jours-là par un délassement tout à fait étranger à la préoccupation habituelle.

« Si elle revenait, il faudrait l'éloigner impitoyablement, ne serait-ce que pour l'apercevoir ensuite sous un aspect plus nouveau.

« C'est une chose bien connue des peintres, des poètes et des artistes en général ; ils ne peuvent jamais juger l'œuvre à laquelle ils travaillent ; l'effort de la création, l'hésitation entre les formes diverses, les incertitudes de l'exécution, la défiance de soi, tout cela joint à l'habitude, mère de la satiété, les rend inhabiles à apprécier le travail qu'ils accomplissent.

« Mais s'ils le laissent reposer quelques jours,

en s'efforçant de donner un autre cours à leurs préoccupations, ils éprouvent en le revoyant l'impression que ressentirait un étranger ; si bien que les défauts auxquels leur œil s'était tout doucement habitué les frappent avec une véritable intensité.

« C'est ce qui arrive aux hommes d'action, ayant assez de force morale pour écarter d'eux la pensée de la négociation en cours, pendant le temps où ce souci n'est pas indispensable.

« Lorsque après un repos, consacré à d'autres soins ou au maintien de leur santé physique, ils se retrouvent vis-à-vis des documents concernant le projet dont ils souhaitent la réalisation, ils sont parfois tout étonnés d'y apercevoir des défectuosités qu'une étude trop poursuivie leur avait d'abord dérobés. »

Nous trouvons un peu plus loin ce conseil plein de finesse :

« Dans les affaires et dans la politique, il y a quelquefois de l'héroïsme à passer pour sot », dit Yoritomo dans une boutade où se retrouve bien la diplomatie de la race jaune.

Sans prendre à la lettre ce conseil, qui ne saurait être goûté par maintes gens de sens droit, il serait bon pourtant de le méditer.

C'est encore de l'énergie que de ne point faire parade de tous ses talents, devant certaines personnes qui pourraient en concevoir de l'envie et nous savoir mauvais gré de leur avoir fait sentir notre supériorité.

Que d'affaires bien commencées et présentant toutes chances de succès ont abouti misérablement, parce que l'un des deux traitants n'avait pas su taire son orgueil et avait humilié l'autre, par un étalage de talents, dont l'esprit — peu élevé, il est vrai — de ce dernier, avait conçu de la jalousie.

Ce sont là, dira-t-on peut-être, de bien mesquines questions, difficiles à faire prendre en considération par des cerveaux d'élite.

Je crois, au contraire, que pour des adeptes de l'énergie, pour ceux qui sont habitués à compter avec les plus minces événements, qui n'ignorent point qu'il suffit d'un grain de sable pour enrayer le jeu des machines les plus puissantes, les moindres observations ont leur valeur.

Et puis, il ne s'agit pas ici d'idéalisme transcendant, nous sommes sur le chapitre des affaires, et ainsi que le dit un grand littérateur contemporain :

« Les affaires sont les affaires. »

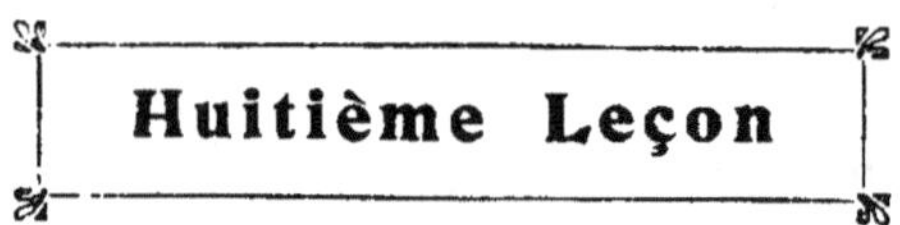

Huitième Leçon

La famille.

« La famille, dit Yoritomo, est une chose admirable quand la vie en commun n'est pas uniquement fondée sur une faiblesse, engendrée par la haine du silence. »

Paroles profondes, bien faites pour toucher beaucoup de ces gens que l'horreur de la solitude a seule poussés à venir joindre leur vie à celle de leurs parents.

Ils se sont peu inquiétés de la sympathie qui pouvait les réunir; ils n'ont consulté que l'intérêt pécuniaire, d'abord — car la vie en commun est moins onéreuse — et ensuite l'égoïsme qui les rendait rebelles à la pensée de la solitude.

Et pour tous ces êtres que les liens du sang font si proches et dont l'âme est parfois si lointaine, la vie s'écoule dans une perpétuelle acrimonie, qu'il faut surtout attribuer au manque d'énergie, les rendant incapables de se résoudre aux continuelles et imperceptibles concessions que la vie de famille exige.

Car j'ai déjà eu plusieurs fois occasion de le dire au cours de cet ouvrage, l'énergie est surtout faite d'efforts durables et devient souvent plus difficile à pratiquer dans toutes les petites choses, car, dans ce cas, elle réclame une tension constante de volonté.

C'est dans la vie de famille surtout qu'elle a l'occasion de se manifester. Du heurt fréquent des différents caractères, naissent de tous petits griefs, qui finissent par prendre des proportions fâcheuses, si chacun des parents ne sait se contraindre, afin d'apporter dans les relations communes l'urbanité et l'indulgence, dont chacun devrait toujours faire preuve envers son prochain.

Là aussi l'amabilité et la gaieté devraient rallier tous les efforts.

Il y a, je le sais, des circonstances où cette dernière qualité ne peut être de mise.

Par exemple, on ne peut sourire lorsqu'un deuil nous frappe; mais, dans une même famille, tous les membres ne sont pas également atteints par ce deuil, et c'est à ceux qu'il touche le plus directement à puiser en eux l'énergie de se rappeler qu'ils sont entourés de vivants et que, pour honorer un défunt, il est cruel d'endeuiller la vie de ceux qui nous approchent.

« Il ne s'agit pas, dit Yoritomo, de monter sur la colline où sont enterrés nos morts et de laisser passer dans le vent nos plaintes inutiles.

« Il vaut mieux se recueillir près d'eux et redescendre les yeux secs et la voix joyeuse pour donner aux vivants les soins qui doivent retarder leur venue sur cette colline funèbre. »

Il nous met aussi en garde contre une habitude trop répandue :

« Le regret des biens perdus, dit-il, est une énergie jetée au néant. »

Combien il serait précieux de méditer cette maxime dans certaines familles dont les membres attrsitent inutilement leurs proches par le souvenir ulcéré d'une fortune envolée !

Le chagrin stérile anéantit nos forces de vivre : si l'on pense aux biens disparus, ce doit être d'une façon virile, avec l'espérance d'une conquête nouvelle, basée sur les leçons d'un passé qui ne doit être évoqué devant les enfants que pour les mettre en garde contre les pièges de l'avenir.

Une des vertus qu'on doit mettre toute son énergie à cultiver en famille est l'égalité d'humeur, d'où naissent la bienveillance et l'amabilité.

Il faut certainement avoir acquis beaucoup d'empire sur soi-même pour en arriver à ne pas marquer d'impatience devant une maladresse, pour réprimer d'un mot aimable une intention blessante, pour accueillir d'un sourire une proposition qui n'agrée qu'à demi.

La pratique habituelle d'une énergie qui nous laisse maître de nos nerfs peut seule donner la force d'opposer une urbanité constante à toutes ces minuscules agressions dont la vie en commun est criblée.

A force de se heurter à cet obstacle souriant, elles finissent presque toujours par y polir leurs angles.

C'est ainsi que, de la volonté ferme et débonnaire d'une seule personne, dépend quelquefois toute la paix d'un groupe.

Dans l'existence familiale, la place d'élite est toujours réservée aux enfants et aux vieillards.

A l'égard de ces êtres qui se retrouvent au seuil de la vie, les uns pour y entrer, les autres au moment d'en sortir et que leur faiblesse rend plus exigeants que de raison, il faut savoir surtout mettre en pratique le symbole de la main de fer dans un gant de velours.

Rien n'est plus douloureux que l'existence d'un vieillard qui peut se plaindre, à juste titre, d'être négligé par ses enfants.

Pourtant, il faut convenir que les vieillards sont souvent un peu injustes.

La débilité de leur jugement, jointe à une certaine acrimonie, causée par les ravages inhérents à leur âge, les rend aussi parfois acerbes.

Sous l'empire de la maladie qui les fait impatients, ils ne s'aperçoivent pas qu'ils rendent la vie pénible à ceux qui ont assumé la charge de leurs vieux ans.

Toutefois, un sentiment profond d'affectueuse douceur, allié à une fermeté dont ils ont déjà connu les preuves, a presque toujours raison des plus acariâtres.

Mais tout en réprimant leurs mouvements d'humeur, il faut savoir leur être doux et compatissant.

Écouter les histoires du passé, savoir s'intéresser à une narration faite pour la vingtième fois, prendre un air anxieux à l'énoncé d'un fait ancien dont on nous a déjà bien souvent conté le dénouement, voilà des manifestations qui touchent

profondément les vieillards et ceux qui savent leur
donner la réplique en viennent toujours à prendre
sur eux une influence dont la répercussion mo-
difie heureusement les relations de famille.

« Dans la famille idéale, dit Yoritomo, chacun
des membres s'efforcerait d'acquérir un talent ou
de cultiver un art, afin d'ajouter à la joie com-
mune.

« De même que chacun s'appliquerait à s'embellir et à se parer de son mieux, afin de réjouir les
yeux des autres. »

Comme toute cette philosophie est vraie et profonde, sous ses apparences presque futiles !

Oui, les grands problèmes de l'harmonie et de
la paix familiale gisent dans toutes ces choses que
tant de gens vertueux dédaignent.

Se parer n'est pas toujours une simple coquetterie ; c'est souvent un acte de charité.

Il est pernicieux de montrer aux jeunes êtres
l'image de la laideur et de la décrépitude.

Et il est quelquefois dangereux de ne pas chercher à masquer une déchéance physique dans
laquelle, la ressemblance aidant, il serait permis
de voir pour les enfants une menace future.

Yoritomo nous conte à ce sujet l'aventure d'une
jeune fille qu'un jeune homme, très épris pour-

tant, a repoussé dès qu'il vit sa mère, car celle-ci, affreusement négligée et déformée par l'habitude d'un paresseux laisser-aller, suscita, devant les yeux de l'amoureux, la vision de ce que sa femme pourrait devenir.

Ce fut une obsession : les traits de la charmante enfant évoquaient ceux de sa mère et il lui fut désormais impossible de contempler le visage jadis tant aimé, autrement qu'à travers ce souvenir qui le revêtait aussitôt des signes de la déformation.

Faut-il ajouter que ce projet d'union fut brisé sous un prétexte plus ou moins opportun, au grand désespoir de la mère qui ne connut jamais la part que sa veulerie et l'absence de cette coquetterie « obligée » que nous préconisons avaient prises dans ce fâcheux dénouement.

Il arrive souvent que la paresse de ramener de force notre attention fugitive, nous fait répondre : « oui » à un enfant, sans avoir entendu sa question.

Ne croyez pas que cette négligence passe inaperçue.

Les enfants aiment qu'on les écoute et ils donnent plus volontiers leur confiance à celui qui leur prête de l'importance et sait leur montrer qu'il les comprend.

Celui-là leur semble plus proche : c'est à eux qu'ils confieront leurs petits secrets et dès qu'il aura une réprimande à leur adresser, ils l'accepteront avec soumission, ne doutant pas de l'infaillibilité de leur confident et de leur conseiller ordinaire.

Un des grands écueils de la faiblesse, en ce qui regarde la vie de famille, c'est de ne pas savoir épargner aux enfants le spectacle des querelles.

On risque ainsi non seulement de les mettre dans la nécessité de commenter les actes de leurs parents, mais encore de fausser leur jugement, car leur jeune âge ne leur permet pas de faire la part des événements dont on parle et qu'ils n'entrevoient qu'à travers le prisme mauvais de la passion.

Enfin, c'est assurément diminuer leur respect en eux, car si les mots dits dans la colère dépassent toujours la pensée, les jeunes oreilles qui les recueillent n'en comprennent que le sens littéral.

« Il faut, dans la vie de famille placée sous l'égide de l'Énergie, dit Yoritomo, se garder d'exalter devant les enfants une action entachée de ruse, mieux vaut imiter l'exemple de la mère de ce Samouraï qui voyant pleurer la femme de son fils, à l'annonce de la mort de ce dernier, s'écria en s'adressant aux enfants :

« Votre mère pleure parce que votre père est mort avant la fin de la guerre et ne pourra pas servir son pays jusqu'au bout. »

Il est bien difficile d'exiger dans la vie moderne ces sentiments dignes de Cornélie, mais heureusement l'existence est composée surtout de chagrins plutôt que de dramatiques douleurs.

Il ne faut pas s'y tromper, du reste, un mouvement de courage farouche est moins difficile à produire qu'une série de petites concessions et ce sont ces incessantes petites victoires remportées sur nous-même qui constituent ce qu'on pourrait appeler l'Énergie perpétuelle, c'est-à-dire la seule vertu capable de faire de la vie de famille le paradis que tant d'entre nous rêvent vainement d'édifier.

Neuvième Leçon

Le sentiment.

S'il faut en croire notre philosophe nippon, le sentiment est la pierre d'achoppement contre laquelle viennent buter tous ceux qu'une énergie morale sérieuse ne possède pas.

« Tous ne tombent pas, dit-il, mais un grand nombre y perdent l'équilibre, et les natures veules ne le retrouvent jamais.

« Les âmes fortes, au contraire, s'inspirent de l'excitation provoquée par un sentiment vif pour accomplir de grandes choses, que, sans cette exaltation spéciale, elles n'auraient jamais osé entreprendre. »

Et il ajoute un peu plus loin :

« Le sentiment est un fragile esquif dont l'Énergie tient le gouvernail. »

La force d'âme seule peut nous laisser justes et bons en nous préservant de la sensiblerie.

Les natures défaillantes et versatiles sont souvent la proie de ces émotions factices qu'elles attribuent à un mouvement d'âme dont elles sont fières... jusqu'à l'heure où elles l'oublient pour en cultiver un autre.

Mais ces sentiments, quels qu'ils soient, pour être durables, doivent prendre leur racine dans une fermeté de vouloir qui les pare de leur vraie beauté : la Constance.

Il est un moment, dans la vie de tous, où l'éveil des sens, aidé de l'imagination, fait bouillonner dans chaque être une vie débordante.

De cette effervescence naissent des sentiments dont la beauté ou la bassesse dépendent en grande partie de la dignité de soi-même.

Or nous avons déjà appris qu'une énergie bien conduite sait seule inspirer et maintenir cette qualité primordiale.

Malheureusement, chez les jeunes gens, cette dignité revêt les aspects que lui donne la passion et ils la considèrent faussement, à moins qu'aveuglés par l'amour — où ce qu'ils croient être l'amour — ils ne la négligent complètement.

C'est dans ces heures de crise qu'une volonté éclairée doit surgir près d'eux et, sans heurter leur passion — ce qui courrait risque de l'exacerber — leur en montrer les côtés humiliants ou défectueux.

Si cela ne suffisait pas, il faudrait avoir la téna-cité de créer patiemment des dérivatifs dont ils ne pourraient soupçonner l'origine.

Si ces ruses n'ont pas de succès, c'est à ce moment que l'énergie latente nous prêtera son secours.

Sans que rien puisse faire pressentir à l'inté-ressé que les événements n'ont pas été suscités pas le simple hasard, il faut avoir l'art de laisser naître les incidents qui sont de nature à lui démon-trer les tares du sentiment qui l'étreint.

Dans les junéviles imaginations, où l'enthou-siasme vient facilement troubler le discernement, le désir donne souvent le change et l'on est tenté de prendre pour l'Amour (avec un grand A), une sollicitation qui n'est qu'un éveil de cet instinct, commun, hélas ! à tous les êtres.

Il faut donc apprendre aux jeunes gens à lutter contre le désir qui, la plupart du temps, n'a qu'une parenté lointaine avec le sentiment.

Certes l'amour partagé est une des grandes joies de la vie, mais il faut aussi songer aux moyens pratiques de la vivre, cette existence.

Dans son réalisme ironique, la romance de la

Périchole sera toujours un enseignement contre le sentimentalisme de convention, et la première condition de pouvoir aimer sera toujours de vivre; c'est à cela qu'il faut tendre avant tout.

Puis les amoureux ne restent pas toujours deux.

La question des enfants à venir doit encore influencer et affermir ces résolutions, si cruelles qu'elles puissent paraître, car plus tard, lorsque la passion sera partie, la gêne et les enfants arrivés en même temps, on aurait à se reprocher la faiblesse qui empêcha jadis de prévoir ou de contrarier cet état de choses.

Aussi, des parents au sens droit, peu émus des mièvreries dont le faux sentiment paternel aime à se parer, profiteront de l'amour éveillé dans le cœur de leur fils, pour les pousser à accomplir des actes qui, en le mettant sur le chemin de l'indépendance sociale, lui permettront de réaliser son rêve.

Car la sensibilité d'âme n'est pas incompatible avec l'Énergie, et voici la jolie histoire que je glane dans le manuscrit de Yoritomo :

« Il y avait à Kumamoto, voici déjà de nombreuses années, plusieurs familles qui habitaient sur les bords d'un petit lac; dans un pavillon superbe vivait au milieu du luxe la belle Li-

Thang. Dans le très modeste pavillon voisin, habitait le jeune Loo-Lee.

« Tous les soirs, lorsque ses travaux lui en laissaient le loisir, il venait s'appuyer à la balustrade légère pour admirer l'image de Li-Thang reflétée dans les eaux du lac.

« Elle lui sembla si belle qu'il désira la connaître.

« Il la vit et en tomba si fort amoureux que, sans réfléchir à la différence de leur situation, il s'en vint la demander en mariage à son père.

« Or le père de la jeune fille était un lettré qui n'admettait pas qu'on pût vivre dans l'ignorance, et le jeune homme que les nécessités de la vie avait forcé à négliger son instruction, savait à peine tracer quelques caractères, d'un pinceau malhabile:

« Il se vit donc refusé sans pitié.

« A quelques mois de là, le vieux savant, ayant besoin d'un copiste, en fit demander un de par la ville.

« Quel ne fut pas son étonnement en voyant venir à lui son jeune voisin, qui, sans négliger les occupations que lui imposaient sa fortune médiocre, avait eu l'énergie d'apprendre à fond cet art si compliqué et si difficile de l'écriture japonaise.

« Le père émerveillé, jugea qu'une telle preuve de volonté était une garantie de durabilité dans les sentiments et, quoique sa fille fût très riche et l'amoureux absolument pauvre, il la lui donna et n'eut jamais à s'en repentir. »

Mais il arrive parfois que cette sentimentalité n'est qu'une vague aspiration sans but précis, développée dans les imaginations de vingt ans par de trop mièvres lectures.

Quelquefois aussi, les jeunes gens, pressés de ressentir cette émotion parfaite de l'âme, croient la reconnaître dans les sollicitations de leur jeunesse.

C'est le devoir et l'art des éducateurs, dont l'énergie patiente ne doit rien négliger, de les mettre en garde, par de sages remarques, contre les mirages des romanciers et des poètes, en commentant et discutant avec eux, les passages dangereux pour leur inexpérience.

Une faiblesse très répandue dans le genre sentimental est celle qui porte les jeunes époux à aduler réciproquement leurs défauts.

Or il arrive que si l'amour tend à diminuer avec les années, les défauts s'accentuent; et comme le bandeau est tombé, l'imperfection apparaît, aggravée encore par la nécessité d'un jugement que provoque l'indifférence survenue.

Une autre cause déterminante de cette indifférence gît dans la paresse des époux qui poussent trop souvent la négligence jusqu'à prendre peu de souci de leur personne, dans l'intimité du logis.

La paresse, le manque d'esprit de suite, l'apathie qui naît chez les faibles, dès qu'ils ne sont plus poussés par un besoin immédiat de conquête, les porte à se complaire dans des négligés qui sont loin de faire valoir leurs avantages physiques.

« C'est surtout pour son mari, dit Yoritomo, que la femme doit aimer à revêtir son plus beau kimono. C'est pour lui verser le thé qu'elle doit choisir les tasses les plus transparentes et c'est pour lui seul qu'elle réservera les feuilles les meilleures de la récolte et le riz le plus blanc. »

Que d'enseignements dans ce petit paragraphe si plein de bonhomie !

Cela signifie : « Mesdames, faites-vous belles, non pas pour des étrangers qui n'en prendront pas souci, ou l'oublieront bientôt, mais pour celui qui partage votre destinée, celui dont l'admiration seule doit être votre désir.

« N'oubliez pas qu'un bon repas dispose à la bienveillance et que le sentiment de reconnaissance envers celle qui sait nous offrir les petites joies quotidiennes de la vie, nous laisse facilement attendris et bien plus prompts à l'appréciation flatteuse.

« Sachez aussi qu'il est parfois plus difficile de garder son bien que de l'acquérir.

« Avoir conquis le cœur d'un être, ce n'est pas tout : il faut savoir le conserver. »

Apprendre à mettre de la grâce en tout est le secret de plaire longtemps.

Mais cela demande une patience soutenue, une préoccupation de tous les instants, qui, du reste, finissent par dégénérer en habitude et c'est la récompense de ces créatures d'élite qui, en mettant en pratique les lois de la volonté, ont su ainsi conquérir et capter cet oiseau rare qu'on nomme le bonheur conjugal.

Pourtant, dira-t-on, quoique ce soit moins fréquent qu'on ne le désirerait, il existe de fort bons ménages et en très grand nombre.

Certes oui et nous sommes heureux de le proclamer.

Mais nous devons à la vérité de faire remarquer qu'à bien peu d'exceptions près, ces époux, unis dans la joie comme dans la douleur, ont tous pratiqué les préceptes de l'Énergie : d'abord dans le sentiment qui guida jadis leur recherche, en leur faisant choisir celui ou celle qu'ils ont pensé digne d'affronter à leurs côtés les sourires et les orages apportés par les jours.

Puis ils ont su puiser dans leur mutuelle affection le courage nécessaire pour tenir tête aux circonstances douloureuses et imprévues dont toute existence est attristée ici-bas.

Et lorsqu'à leur tour, ils devront guider leurs enfants vers l'être qui portera avec eux le faix de la vie, ceux-ci ne songeront pas à leur dénier le droit de ferme conseil.

Nourris dans le culte de l'Énergie, ils se garderont de se fier à une volonté débile.

Ils rechercheront, au contraire, une âme forte, résolue à mettre en pratique tous les enseignements de cette vertu et réaliseront ainsi le conseil de Yoritomo :

« Si la vie vous offre des roses, sachez faire apprécier à votre époux leurs parfums délicats ; si, au contraire, elle ne vous donne que des chardons, il faut puiser en vous l'énergie de ne pas les rejeter.

« En évitant d'en presser les dards, vous éprouverez encore une joie réelle à examiner avec lui leur précieuse structure et leur coloris délicat. »

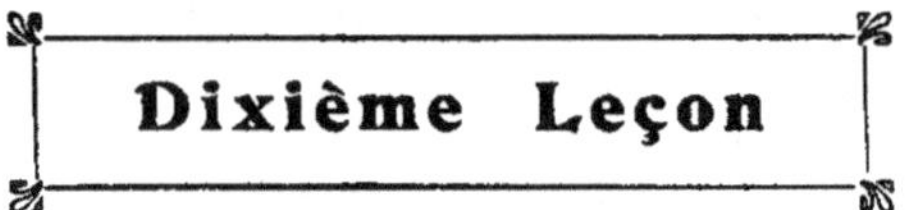

Dixième Leçon

L'art de réussir en tout.

« Je n'aime pas, dit notre philosophe, ceux qui s'en vont partout, se donnant comme des victimes du sort.

« Ce sont des âmes que la lutte décourage parce qu'elles ne se sentent pas la force de l'entamer. »

Cette pensée correspond à une phrase toute faite que chacun peut se reprocher d'avoir bien souvent dite :

« Oh ! celui-ci, il a eu de la chance ; tout lui a réussi. »

Bien entendu, il ne nous vient pas à l'idée de supputer quelle somme d'énergie, de persévérance, de prudence et d'habileté, cet heureux mortel a dépensé pour parvenir au but qu'il a atteint.

Et beaucoup de ceux qui prononcent cette phrase

se gardent bien de s'avouer qu'ils sont incapables d'imiter sa conduite et de se plier aux lois qui l'ont asservi, pendant la conquête de la fortune.

Ce préjugé de la chance est, du reste, un très dangereux débilitant pour les âmes de volonté chancelante.

Il faut bien se le persuader, rien n'est dû uniquement à la chance.

Il est certain que beaucoup de travailleurs et de penseurs, qui sont, presque sans exception, des adeptes de l'énergie, voient leurs efforts couronnés par un succès qu'ils n'auraient pas osé espérer.

Mais en faisant abstraction de l'événement heureux qui est venu améliorer leur succès, ces énergiques, ces travailleurs, ces prudents, auraient quand même connu les joies de la victoire.

On ne saurait trop le répéter : rien dans la réussite n'est dû exclusivement au hasard ; rien, pas même un gros lot.

Ne sursautez pas, amis lecteurs, et réfléchissez :

Comptez ce que représente d'énergie les mille petites privations qu'un homme pauvre a dû s'imposer pour acheter la valeur qui le fait propriétaire du gros lot!

Il aurait pu, diriez-vous, employer autrement cet

argent et ce gain, en lui donnant le goût du jeu, sera peut-être pour lui l'occasion d'une ruine prochaine et le début d'habitudes de luxe dont il souffrira ?

Il est possible que vous ayez raison, mais il n'en est pas moins vrai que dans la situation de cet homme, ils sont rares ceux qui auraient eu le courage de s'astreindre aux économies qui lui ont permis de rassembler le petit capital d'où est sorti sa fortune.

Ce gros lot est donc moins un coup de chance qu'une prime remportée par l'énergie patiente, appuyée sur une volonté d'espérance qui vaut presque la foi.

Nous aurions tort, du reste, de nous apitoyer sur l'avenir de ceux qui gagnent un gros lot dans ces conditions : ils ont eu l'énergie de conquérir, ils auront celle de garder.

Ceux qu'il faudrait plaindre, ce sont ceux auxquels échoit une fortune qu'ils n'ont pas méritée par leurs efforts.

Ils en connaissent mal le prix et la laisseront probablement échapper : alors, déshabitués de l'application, engourdis par le bien-être, ils se retrouveront, le dernier écu parti, mille fois plus malheureux que devant.

« Le succès, dit Yoritomo, parodiant ainsi un

axiome latin bien connu, le succès ne se montre jamais aux faibles, que dans un lointain brouillard. »

« C'est que le succès est d'un abord farouche et c'est rarement dès la première tentative qu'on peut se concilier ses bonnes grâces.

« Puis ceux qui sont doués d'une volonté débile, trouvent rarement en eux l'énergie d'où naissent les qualités indispensables à ceux qui veulent réussir.

« Ils se laissent abattre par un premier échec et sont incapables de cette persévérance, qui pousse l'homme, rempli du désir de réussite, à tenter vingt fois la même entreprise, s'il a constaté que ses insuccès précédents avaient été causés par des raisons qu'il croit en son pouvoir d'abolir ou de contrarier. »

Une chose très importante dans le succès de toute œuvre est la façon dont elle a été engagée.

Il faut bien avouer que l'extérieur de celui qui la présente joue un grand rôle dans la façon dont elle est accueillie.

Mais, répliquera-t-on, personne n'a de pouvoir sur son aspect physique et à ce compte, les gens laids seraient voués à des échecs perpétuels.

Ceci est une grande erreur ; on peut modifier

n'importe quel visage en lui donnant un aspect de bonté, d'énergie, d'intelligence, qui séduira infailliblement.

« Il dépend de tout le monde, dit Yoritomo, de plaire par son érudition, par l'urbanité de ses manières, par son aimable enjouement et par l'intérêt de sa conversation.

« Ceci demande simplement une volonté poursuivie, dont l'habitude fait de toutes ces qualités acquises, de véritables dons naturels. »

« Quelque chose encore est nécessaire, dit-il, pour mener une œuvre à bien : la foi en soi et en la chose entreprise.

« Il est absolument indispensable de porter cette foi en soi-même pour la faire partager à autrui.

« L'homme énergique ne peut manquer de la posséder, puisqu'il ne se lance dans une entreprise qu'après en avoir longuement supputé les résultats probables et qu'il se sent la force de tout accomplir pour les produire.

« Une foi hésitante n'obtiendra jamais l'heureuse conclusion espérée.

« Mais une foi sincère, accompagnée d'un désir ardent, donnera la force d'achever brillamment les entreprises les plus osées et les plus difficiles.

« Quand vous voulez profondément une chose, ajoute Yoritomo, levez-vous et prenez le chemin qui y conduit ; si vous ne la trouvez pas elle-même, vous rencontrerez certainement le moyen de l'obtenir. »

Hélas ! les gens qui se mettent en chemin ne sont pas rares, mais ceux qui savent voir le sont davantage, et bon nombre d'entre eux l'ayant rencontrée l'ont laissée fuir, faute d'un peu d'énergie pour la retenir.

Combien pourtant, parmi ceux qui se plaignent du mauvais sort, ont tenu un instant dans leurs mains un des rares cheveux, dont l'occasion, ce mythe si fugace, pare sa tête mi-chauve !

Mais la présence d'esprit, la constance, la hardiesse, la foi, toutes ces filles de l'Énergie n'habitaient point en eux et c'est pourquoi ils ont misérablement laissé échapper leur gloire et leur fortune.

« La colère, dit Yoritomo, doit être surtout évitée par ceux qui veulent réussir.

« Il est injuste de croire que la violence est un signe de force d'âme.

« Il faut plus d'énergie et de vrai courage parfois pour supporter les écarts de langage de son interlocuteur que pour lui répondre avec emportement, dispersant ainsi la force dont on peut avoir besoin pour faire face à une difficulté.

« Outre que la colère est comme une eau bouillonnante qui finit toujours par dépasser les limites et par laisser épancher au dehors, des secrets que l'âme devrait contenir, elle aveugle le cerveau et le rend impropre à la méditation.

« Elle empêche de voir les côtés défectueux de l'acte auquel on se résoud, ou bien, si elle nous laisse la possibilité de ne pas nous les dissimuler, elle nous rend assez faibles pour que la satisfaction nerveuse que nous ressentons à l'accomplissement d'un acte définitif, nous semble un suffisant dédommagement aux conséquences mauvaises qu'il pourra avoir.

« La colère est l'arme des faibles ; c'est pourquoi celui qui *veut* réussir doit laisser entrer en son cœur assez d'énergie pour dédaigner de laisser altérer sa force par des mouvements irrésistibles, plus dignes d'une créature d'instinct que d'un conquérant de la Vie. »

C'est donc une vérité dont il faut se convaincre : la réussite est à la portée de tous.

Il n'est personne qui soit marqué pour échouer toujours. C'est un bruit que font courir des ratés à l'âme veule, qui trouvent commode d'accuser la destinée, pour excuser leur maladresse à la dompter.

« Oh ! moi, rien ne me réussit. »

Défiez-vous de ceux qui prononcent cette phrase ; leurs âmes ne sont pas faites pour se confondre avec celles de ceux qui rêvent la conquête, et leur contact ne peut que décourager ou amoindrir.

« Il est bien rare, dit Yoritomo, que l'homme « à qui rien ne réussit » ne soit pas le propre artisan de ses défaites, car, dans la plupart des cas, la meilleure condition pour réussir est de le *vouloir énergiquement.* »

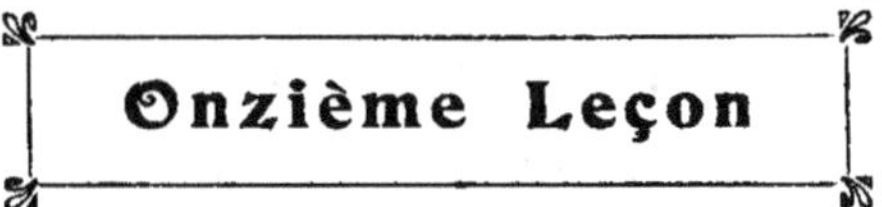

Onzième Leçon

Éloge de l'ambition.

En feuilletant ce livre précieux de Yoritomo, nous y rencontrons cet aphorisme :

« Le désir de parvenir au plus haut degré des honneurs est une forme de la confiance en soi que nous ne saurions trop priser, car bien dirigée, elle conduit aux grandes choses.

« Dans toutes circonstances, l'homme qui ne se consacre pas à la recherche du mieux, risque d'aller vers le médiocre. »

Et plus loin :

« La vie est comme un escalier géant ; celui qui ne désire pas toujours monter est en grand danger d'être forcé de descendre, car il aura peine à se maintenir en place, sous la ruée de ceux qui se précipitent vers les faîtes. »

Il y en a bien quelques-uns dont Yoritomo ne parle pas : ceux qui se tiennent inaperçus dans les retraits cachés, n'osant pas faire un geste, de peur d'être heurtés dans la bousculade : les Sages et les Modestes, disent les censeurs sévères.

Hélas ! nous ne sommes plus aux temps antiques, la vertu rugueuse et malaccueillante ne suffit plus pour assurer la gloire et si, de nos jours, quelque philosophe convaincu s'avisait de vouloir jouer les Diogène, on le forcerait vite à abandonner son tonneau et à se munir d'un logis correct, sous peine d'être conduit au dépôt de mendicité.

« La Modestie, dit Ellik Marn, si elle est une vertu qu'on peut se complaire à regarder dans le royaume fleuri de l'allégorie, devient un véritable vice de l'esprit dans la réalité. »

C'est que, contrairement aux idées reçues et aux phrases toutes faites, la Modestie est rarement pratiquée par les vrais sages, ceux que la conscience de leur propre valeur met au-dessus des joies que procure le suffrage de leurs contemporains.

Mais, en revanche, elle est presque toujours l'apanage des faibles qui cachent la tare de leur pusillanimité derrière l'étiquette de ce que l'on est convenu d'appeler une vertu.

La modestie est trop souvent l'orgueil des incapables, qui, se sachant inaptes à mener une œuvre vers son achèvement glorieux, préfèrent feindre de mépriser l'entreprise.

Du reste, la pratique ordinaire de la modestie, donne presque toujours naissance à la défiance de soi; elle nous rapetisse à nos propres yeux et nous rend craintifs, quant à ce qui regarde nos mérites.

« Qui ne risque rien n'a rien », dit le peuple.

Pour risquer, il faut oser et pour oser il faut désirer beaucoup, c'est-à-dire être ambitieux.

L'Ambition élargit les idées, donne des ailes à nos projets, nous préserve aussi des vilains petits péchés d'envie que les modestes et les humbles ne commettent que trop souvent.

Pourquoi envier une situation que nous sommes certains de dépasser un jour?

L'Ambition rend bon aussi, en ce sens qu'un ambitieux dédaignera toujours de faire le mal sans objet.

A quoi bon écraser des créatures qui, dans l'essor magnifique qu'il prévoit, ne peuvent que lui demeurer inoffensives et lointaines?

Est-ce à dire qu'il pensera de même si ces créatures lui font obstacle?

Non et, dans ce cas, il sera impitoyable; mais faut-il plaindre le sort de quelque vague et passive personnalité, quand il s'agit de l'accomplissement d'une grande chose?

« Celui qui porte une nouvelle dont dépend le sort de plusieurs, dit Yoritomo, doit avoir l'énergie de repousser du pied le passant mourant qui barre sa route. »

Les doctrines prêchant l'effacement et l'oubli de soi-même, sont l'écho d'un monde ancien.

Il est mauvais d'en farcir l'esprit des enfants qu'on veut armer pour la lutte future.

Il serait plus conforme à l'élan moderne de leur apprendre à pratiquer la vertu de la confiance en soi, qui est le plus important agent du succès.

Il est une autre forme de l'Ambition, qui emprunte ses moyens à l'énergie latente.

Ceux qui la pratiquent ne sont pas les moins forts, car ils n'ont pas pour les soutenir l'exaltation de l'action exubérante et l'excitation spéciale de ceux qui prennent part à la mêlée.

Leur rôle est l'expectative.

Ils attendent, impassibles en apparence, que les événements qu'ils ont prévus se produisent et bornent leurs efforts à en tirer le parti qu'il leur semble le meilleur, pour le service de leur ambition.

Ceux-là, moins brillants, peut-être, sont cependant certains de n'être jamais desservis par les circonstances, car pour l'homme qui sait *vouloir* et qui ne *veut* qu'à bon escient, il est peu de surprises.

Il a médité son plan dans le recueillement de la concentration, dont nous avons déjà dit les bienfaits; il en a mûri toutes les phases; il a prévu toutes les objections, fait la part des incidents, voire même des accidents fâcheux; puis il a déclanché le ressort qui fait mouvoir les automates dont chaque geste est connu ou pressenti par lui et qui tous travaillent dans son intérêt.

L'Ambition adopte mille formes, les unes très nobles, les autres très égoïstes, d'autres enfin très touchantes sous leur aspect vulgaire.

On a tort de sourire en voyant une mère chercher ardemment à marier sa fille richement.

Il est vrai que, certaines d'entre elles, mettent dans cette poursuite un acharnement dont la naïveté n'égale que la maladresse.

Mais il faut bien pardonner les moyens en faveur du but poursuivi.

Ces mères savent, par expérience personnelle, peut-être, avec quelle rapidité s'envole le temps des romances qu'on roucoule à deux et pensent, non sans quelque raison, que lorsque leur fille sera privée des duos de la lune de miel, elle sera heureuse d'avoir la compensation d'en entendre dans sa loge à l'Opéra.

Sans compter que cela la préservera peut-être aussi du désir d'en chanter pour son propre compte avec un ténor de son choix, qui ne serait pas son mari.

Quant au jeune homme, l'Ambition lui permettra, quand il sera parvenu au succès, de se marier selon son cœur, en s'épargnant le remords de vouer une femme aimée à une vie de misère et de sacrifice.

« La fortune ne fait pas le bonheur », dit un vieux proverbe hypocrite.

Non certes, mais on n'a jamais entendu dire, excepté dans les cartes, qu'elle y portât obstacle.

Elle est, en tout cas, le moyen le plus sûr de faire des heureux.

Que ne peut-on réaliser à l'aide d'une fortune noblement employée !

Le bonheur tombe de la main du riche, comme la graine de celle du laboureur.

Autour de lui, s'il le veut bien, la souffrance s'apaise, la joie fleurit, l'avenir s'éclaire.

Sous l'influence du bien-être qu'il sème, les rancunes s'endorment, les désespoirs pâlissent et l'espérance vient mettre un coin de ciel bleu dans les existences les plus ennuagées.

« Mais on meurt quand même lorsqu'on est riche », disent les censeurs.

Oui, mais on meurt un peu moins vite, peut-être, en tout cas, infiniment plus douillettement, dans une chambre capitonnée que dans un lit d'hôpital.

Il n'est pas jusqu'à la douleur causée par la mort qui ne s'atténue pour les gens fortunés.

Pour les riches qui pleurent un parent disparu, des diversions de toutes sortes viennent s'offrir pour amoindrir leur peine.

Un déplacement, un voyage n'enlèvent pas la tristesse, mais la distraient ; le souvenir suit, c'est entendu, mais combien moins vibrant, en regard de celui qui hante le pauvre.

Car celui-ci n'a le loisir d'échapper à aucun des affreux détails, ni de récuser une seule des lugubres besognes, qui accompagnent et suivent la mort.

Tandis que le riche promène son chagrin à travers des sites dont la variété impose à son esprit des images qui peu à peu se superposent à la vision douloureuse, le pauvre trouve sa peine sans cesse renouvelée et augmentée par la vue des objets qui ont appartenu à son cher mort et lui rappellent d'une façon cruelle toutes les phases de la maladie passée en avivant dans le présent la sensation de l'absence éternelle.

On objectera, je le sais bien, que l'ambition fut cause de bien des crimes, et que peu de jours se passent sans qu'on en doive enregistrer, dont l'origine vient d'un désir effréné de fortune.

Il ne faut pas s'y tromper : ces criminels ne sont pas des ambitieux, ce sont des faibles assoiffés de bien-être et manquant d'énergie pour le gagner par leur labeur.

L'ambitieux conquiert; il se plaît dans la lutte, car il a toujours l'impression d'en sortir en emportant le butin convoité.

Ce n'est pas seulement pour en jouir qu'il désire la richesse, c'est afin de s'en servir comme d'un talisman qui lui permettra de franchir les portes les mieux closes.

L'ambitieux, c'est vrai, fait bon marché quelquefois du bonheur de ses semblables, mais c'est toujours pour parvenir à se rapprocher de ce qu'il regarde comme la perfection ; ses aspirations, en montant au but, s'épurent et sa marche vers le sommet est toujours un effort vers l'apothéose.

Non l'ambition n'est pas un vice. C'est une qualité qui peut devenir une vertu, car elle prend sa source dans l'Énergie directrice et motrice de tous les grands sentiments.

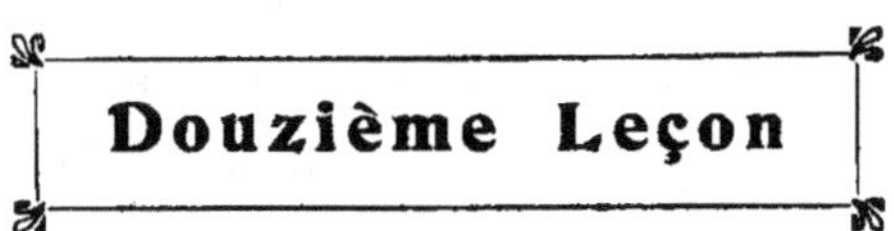

L'énergie est la source et le terme suprême
des choses.

Rien ne semble plus concluant que d'inscrire
en tête du chapitre qui doit clore cet ouvrage,
cette belle pensée de l'homme dont la doctrine en
a été l'objet :

« Nous faisons nous-même notre bonheur —
puisque c'est là la fin vers laquelle aspire toute
créature humaine — et chacun de nous peut y
parvenir en créant en soi l'Énergie qui est la
source et le terme suprême des choses. »

Car l'Énergie est, en effet, l'universelle guéris-
seuse.

C'est par elle que nul effort n'est vain, nulle
pensée stérile.

Pour ceux qui la pratiquent, nul sacrifice ne
s'accomplit sans porter ses fruits.

C'est elle encore qui nous éloigne du pessimisme, destructeur des initiatives et des élans généreux.

Avec l'énergie, nous possédons cette confiance en nous-même, cette science raisonnée de nos propres mérites qui nous fait persévérer dans l'œuvre commencée malgré les difficultés de la tâche et les obstacles surgis au cours de son achèvement.

C'est elle aussi qui crée la foi, cette belle foi dont le malade entend la voix qui clame : « Lève-toi, tu es guéri ».

Par elle, nous apprenons l'application patiente qui nous donne la force d'attendre, sans faire un geste inopportun, le moment fixé pour l'action.

Sans elle, nous ignorerions la force de renouveler la puissance de notre esprit en le transportant d'une préoccupation lancinante dans la pensée d'une entreprise intéressante, oubliant ainsi un souci continuel dans le plaisir d'un travail joyeux.

C'est l'Énergie, encore, qui convertit nos faibles aspirations vers le mieux, en une forte et durable résolution, car l'origine de l'Énergie, nous l'avons dit, c'est la Pensée ou plutôt la Concentration de la pensée vers un but qui, vaguement dessiné d'abord, se précise bientôt, apportant à nos esprits la vision des moyens pratiques pour y parvenir.

Enfin, c'est pour celui qui sait mettre ses préceptes en pratique, le *Sésame, ouvre-toi* des contes de fées, la clef du bonheur, de la gloire, de la santé, de la puissance et de la richesse.

Nous avons dit, au cours de ce volume, quels bienfaits en pouvait attendre le corps affaibli, car elle donne le courage de s'asteindre aux lois régénératrices de l'hygiène.

Nous l'avons vu exercer son influence sur la maladie, qu'elle nous aide à terrasser et sur nos forces physiques, qu'avec son secours nous arrivons à développer au plus haut point.

Nous l'avons sentie planer sur toute la vie et en régir les phases principales, d'une façon plus ou moins intense, suivant le degré de conviction qui anime ses adeptes.

Dans les affaires, nous avons admis sa puissance, puisqu'elle nous donne le moyen de les mener à bien, tout en améliorant notre « Moi » et en nous aidant à devenir et à rester droits, aimables, patients et bons.

Grâce à elle nous avons compris de quelle sorte la famille pouvait rester unie et ressentir des sentiments de dévouement et d'affection réciproque.

Nous avons appris comment elle arrive à exercer une influence prépondérante sur la vie sentimentale.

Enfin nous l'avons montrée en triomphatrice, dans l'ambition réhabilitée après que nous avions dévoilé sa prépondérance dans l'art de réussir.

Dans la vie moderne si compliquée, les compétitions rendant tous les jours plus dense la foule de ceux qui se pressent à la conquête de la gloire et de la fortune, l'apathie est une sorte de suicide moral.

C'est donc un devoir pour ceux qui font profession d'élever la jeunesse, de ne point insister sur ces hypocrites apologies de la modestie, qui ne sont en réalité que l'école du doute et de la défiance de soi.

Il faut, au contraire, exhorter les éducateurs à prêcher la religion de l'énergie dont la base est la foi en ses propres mérites.

Bien entendu, je n'ai pas dit la *croyance*.

« Cette conviction, dit Yoritomo, est le fait des présomptueux, et celui qui se croit arrivé à la perfection n'est généralement pas appelé à la connaître.

Mais chacun, pourtant, doit avoir la conviction que d'innombrables forces gisent en lui, et qu'il ne s'agit que d'une application continue pour les faire servir à la cause qu'il a entrepris de défendre.

« Car tout être pensant doit travailler à réveiller les généreuses vibrations de son *moi* dont les profondeurs récèlent des énergies qui ne demandent qu'à se manifester. »

Et pour affirmer cette sentence, il nous conte cette jolie légende :

« Au temps où il y avait encore des enchanteurs, l'un d'eux avait bâti une tour d'ivoire, dont les délicates sculptures laissaient passer, à travers les broderies de leurs découpures, des fleurs merveilleuses dont le pouvoir était magique.

« Celui qui parvenait à en cueillir une, rapportait en même temps au logis la joie, la santé et la richesse.

« Mais que d'obstacles se dressaient sur sa route !

« Les plus terribles, pourtant, n'étaient pas les monstres aux gueules enflammées, ni les nains affreux qui barraient le chemin en jetant des cris et en agitant des ossements.

« Non, les pièges les plus redoutables étaient ceux que, dans l'atmosphère embaumée d'un rivage délicieux, tendaient des femmes aux visages de lys.

« Si le voyageur s'arrêtait pour écouter leurs voix, elles l'enlaçaient en se jouant, de chaînes de fleurs, dont l'odeur pénétrante le portait à une douce rêverie, et, parmi les chants et les parfums, il s'endormait pour ne se réveiller qu'aux cris des nains et aux rugissements des dragons dont il ne tardait pas à devenir la proie. »

Hélas ! la vieille légende niponne, sous sa forme pittoresque, est le symbole éternel de la vie.

Les vainqueurs ne seront jamais ceux qui, endormis au bruit des chants voluptueux, verront leurs jours s'écouler dans l'oisiveté et l'abandon.

Ce seront ceux qui, ayant terrassé les dragons, dédaigné les nains ricaneurs et falots, traverseront, cuirassés d'énergie, ces rivages de délices où la faiblesse, sous les traits charmants de l'indolence, n'aura pas le pouvoir de les retenir à de chimériques banquets.

Ne voyant que le but à atteindre, ils s'élanceront, sans regarder en arrière, vers cette tour d'ivoire, objet de tous leurs vœux, qui tend éternellement aux âmes fortes, la fleur épanouie de la sérénité, récompense précieuse de l'Énergie qui, ainsi que l'a dit le sage Yoritomo, est la source et le terme suprême des choses.

TABLE DES MATIÈRES

Pages

3184. — TOURS, IMPRIMERIE E. ARRAULT ET Cⁱᵉ

9 782329 285405